现代水产养殖新法丛书

黄鳝泥鳅 生态繁育模式攻略

曾双明 著

U0239174

中国农业出版社

内容提要

本书以指导千家万户自行繁育鳝、鳅为目的，以广普繁育鳝苗和鳅苗为主题，以推广鳝苗仿自然繁育和鳅苗生态繁育为指导思想。重点推介鳝、鳅非工厂化繁育的创新模式，以及培育鳝、鳅苗种的实践经验。照着此书中的模式去做，不需高昂的投资，不要苛刻的设备，你就能自行生产出大量的、优质的、廉价的鳝苗和鳅苗。

《现代水产养殖新法丛书》编审委员会

序

　　经过改革开放 30 多年的发展，我国水产养殖业取得了巨大的成就。2013 年，全国水产品总产量 6 172.00 万吨，其中，养殖产量 4 541.68 万吨，占总产量的 73.58%，水产品总产量和养殖产量连续 25 年位居世界首位。2013 年，全国渔业产值 10 104.88 亿元，渔业在大农业产值中的份额接近 10%，其中，水产养殖总产值 7 270.04 亿元，占渔业总产值的 71.95%，水产养殖业为主的渔业在农业和农村经济的地位日益突出。我国水产品人均占有量 45.35 千克，水产蛋白消费占我国动物蛋白消费的 1/3，水产养殖已成为我国重要的优质蛋白来源。这一系列成就的取得，与我国水产养殖业发展水平得到显著提高是分不开的。一是养殖空间不断拓展，从传统的池塘养殖、滩涂养殖、近岸养殖，向盐碱水域、工业化养殖和离岸养殖发展，多种养殖方式同步推行；二是养殖设施与装备水平不断提高，工厂化和网箱养殖业持续发展，机械化、信息化和智能化程度明显提高；三是养殖品种结构不断优化，健康生态养殖逐步推进，改变了以鱼类和贝、藻类为主的局面，形成虾、蟹、鳖、海珍品等多样化发展格局，同时，大力推进健康养殖，加强水产品质量安全管理，养殖产品的质量水平明显提高；四是产业化水平不断提高，养殖业的社会化和组织化程度明显增强，已形成集良种培养、苗种繁育、饲料生产、机械配套、标准化养殖、产品加工与运销等一体的产业群，龙头企业不断壮大，多种经济合作组织不断发育和成长；五是建设优势水产品区域布局。由品种结构调整向发展特色产业转变，推动优势产业集群，形成因地制宜、各具特色、优势突出、结构合理的水产养殖发展布局。

当前，我国正处在由传统水产养殖业向现代水产养殖业转变的重要发展机遇期。一是发展现代水产养殖业的条件更加有利。党的十八大以来，全党全社会更加关心和支撑农业和农村发展，不断深化农村改革，完善强农惠农富农政策，"三农"政策环境预期向好。国家加快推进中国特色现代农业建设，必将给现代水产养殖业发展从财力和政策上提供更为有力的支持。二是发展现代水产养殖业的要求更加迫切。"十三五"时期，随着我国全面建设小康社会目标的逐步实现，人民生活水平将从温饱型向小康型转变，食品消费结构将更加优化，对动物蛋白需求逐步增大，对水产品需求将不断增加。但在工业化、城镇化快速推进时期，渔业资源的硬约束将明显加大。因此，迫切需要发展现代水产养殖业来提高生产效率、提升发展质量，"水陆并进"构建我国粮食安全体系。三是发展现代水产养殖业的基础更加坚实。通过改革开放30多年的建设，我国渔业综合生产能力不断增强，良种扩繁体系、技术推广体系、病害防控体系和质量监测体系进一步健全，水产养殖技术总体已经达到世界先进水平，成为世界第一渔业大国和水产品贸易大国。良好的产业积累为加快现代水产养殖业发展提供了更高的起点。四是发展现代水产养殖业的新机遇逐步显现，"四化"同步推进战略的引领推动作用将更加明显。工业化快速发展，信息化水平不断提高，为改造传统水产养殖业提供了现代生产要素和管理手段。城镇化加速推进，农村劳动力大量转移，为水产养殖业实现规模化生产、产业化经营创造了有利时机。生物、信息、新材料、新能源、新装备制造等高新技术广泛应用于渔业领域，将为发展现代水产养殖业提供有力的科技支撑。绿色经济、低碳经济、蓝色农业、休闲农业等新的发展理念将为水产养殖业转型升级、功能拓展提供了更为广阔的空间。

但是，目前我国水产养殖业发展仍面临着各种挑战。一是资源短缺问题。随着工业发展和城市的扩张，很多地方的可养或已养水面被不断蚕食和占用，内陆和浅海滩涂的可养殖水面不断减少，陆基池塘和近岸网箱等主要养殖模式需求的土地（水域）资源日趋紧张，占淡水养殖产量约1/4的水库、湖泊养殖，因水源保护和质量安全等原因逐步退出，传统渔业水域养殖空间受到工业与种植业的双重挤压，土地（水域）资源短缺的困境日益加大，北方地区存在水资源短缺问题，南方一些地区还存在水质型缺水问题，使水产养殖规模稳定与发展受到限制。另一方面，水产饲料原料国内供应缺口越来越大。主要饲料蛋白源鱼粉和豆粕70%以上依靠进口，50%以上的氨基酸依靠进口，造成饲料价格节节攀升，成为水产养殖业发展的重要制约因素。二是环境与资源保护问题。水产养殖业发展与资源、环境的矛盾进一步加剧。一方面周边的陆源污染、船舶污染等对养殖水域的污染越来越重，水产养殖成为环境污染的直接受害者。另一方面，养殖自身污染问题在一些地区也比较严重，养殖系统需要大量换水，养殖过程投入的营养物质，大部分的氮磷或以废水和底泥的形式排入自然界，养殖水体利用率低，氮磷排放难以控制。由于环境污染、工程建设及过度捕捞等因素的影响，水生生物资源遭到严重破坏，水生生物赖以栖息的生态环境受到污染，养殖发展空间受限，可利用水域资源日益减少，限制了养殖规模扩大。水产养殖对环境造成的污染日益受到全社会的关注，将成为水产养殖业发展的重要限制因素。三是病害和质量安全问题。长期采用大量消耗资源和关注环境不足的粗放型增长方式，给养殖业的持续健康发展带来了严峻挑战，病害问题成为制约养殖业可持续发展的主要瓶颈。发生病害后，不合理和不规范用药又导致养殖产品药物残留，影响到水产品的质量安全消费和出口贸易，反过来又制约了养殖业的持续发展。随着高密度集约化养殖的兴起，养殖生产追求产量，难以顾及养殖产品的品质，对外源环境污染又难以控制，存在质量安全隐患，制约养殖的进一步发展，挫伤了消费者对养殖产品的消费信心。四是科技支撑问题。水产养殖基础研究滞后，水产养殖生态、生理、品质的理论基础薄弱，人工选育的良种少，专用饲料和渔用药物研发滞后，水产品加工和综合利用等技术尚不成熟和配套，直接影响了水产养殖业的快速发展。水产养殖的设施化和装备程度还处于较低的水平，生产过程依赖经验和劳力，对于质量和效益关键环节的把握度很低，离精准农业及现代农业工业化发展的要求有相当的距离。五是投入与基础设施问题。由于财政支持力度较小，长期以来缺乏投入，养殖业面临基础设施老化失修，养殖系统生态调控、良种繁育、疫病防控、饲料营养、技术推广服务等体系不配套、不完善，影响到水产养殖综合生产能力的增强和养殖效益的提高，也影响到渔民收入的增加和产品竞争力的提升。六是生产方式问题。我国的水产养殖产业，大部分仍采取"一家一户"的传统生产经营方式，存在着过多依赖资源的短期行为。一些规模化、生态化、工程化、机械化的措施和先进的养殖技术得不到快速应用。同时，由于养殖从业人员的素质普遍较低，也影响了先进技术的推广应用，养殖生产基本上还是依靠经验进行。由于养殖户对新技术的接受度差，也侧面地影响了水产养殖科研的积极性。现有的养殖生产方式对养殖业的可持续发展带来较大冲击。

因此，当前必须推进现代水产养殖业建设，坚持生态优先的方针，以建设现代水产养殖业强国为目标，以保障水产品安全有效供给和渔民持续较快增收为首要任务，以加快转变水产养殖业发展方式为主线，大力加强水产养殖业基础设施建设和技术装备升级改造，健全现代水产养殖业产业体系和经营机制，提高水域产出率、资源利用率和劳动生产率，增强水产养殖业综合生产能力、抗风险能力、国际竞争能力、可持续发展能力，形成生态良好、生产发展、装备先进、产品优质、渔民增收、平安和谐的现代水产养殖业发展新格局。为此，经与中国农业出版社林珠英编审共同策划，我们组织专家撰写了《现代水产养殖新法丛书》，包括《大宗淡水鱼高效养殖模式攻略》《河蟹高效养殖模式攻略》《中华鳖高效养殖模式攻略》《罗非鱼高效养殖模式攻略》《青虾高效养殖模式攻略》《南美白对虾高效养殖模式攻略》《淡水小龙虾高效养殖模式攻略》《黄鳝泥鳅生态繁育模式攻略》《龟类高效养殖模式攻略》9 种。

本套丛书从高效养殖模式入手，提炼集成了最新的养殖技术，对各品种在全国各地的养殖方式进行了全面总结，既有现代养殖新法的介绍，又有成功养殖经验的展示。在品种选择上，既有青鱼、草鱼、鲤、鲫、鳊等我国当家养殖品种，又有罗非鱼、对虾、河蟹等出口创汇品种，还有青虾、小龙虾、黄鳝、泥鳅、龟鳖等特色养殖品种。在写作方式上，本套丛书也不同于以往的传统书籍，更加强调了技术的新颖性和可操作性，并将现代生态、高效养殖理念贯穿始终。

本套丛书可供从事水产养殖技术人员、管理人员和专业户学习使用，也适合于广大水产科研人员、教学人员阅读、参考。我衷心希望《现代水产养殖新法丛书》的出版，能为引领我国水产养殖模式向生态、高效转型和促进现代水产养殖业发展提供具体指导作用。

中国水产科学研究院淡水渔业研究中心副主任
国家大宗淡水鱼产业技术体系首席科学家

戈贤平

2015 年 3 月

我为此书发微博

　　我国黄鳝、泥鳅养殖业的发展，长期受苗种的制约。特别是黄鳝养殖业，每年由人工工厂化培育出来的鳝苗，只能供养殖需求的千分之一。造成鳝、鳅苗种奇缺的原因有四个方面：

　　一、天然的鳝、鳅苗资源濒临枯竭　　几十年来，供我国人工养殖鳝、鳅的苗种，绝大多数都是靠天然（自然）水域中捕捞的稚鳝和幼鳅。然而，由于捕捞过度，加之近些年来农药和化肥的危害，天然的鳝、鳅资源大幅下降，有些地方还濒临枯竭。随着人工养殖鳝、鳅业的日趋发展，以及我国各地大规模养鳝、养鳅生产的形成，天然的鳝、鳅苗种就无法满足人工养殖的需求。

　　二、人工繁育苗种的成本太高，不能被养殖者接受　　人工繁育鳝苗和鳅苗，除技术难度大、设备要求苛刻之外，且生产出来的鳝苗和鳅苗价格昂贵，不能被养鳝或养鳅者接受（并非鳝、鳅苗生产单位或推销商贩抬高价格）。据调查，人工工厂化生产1千克鳝苗，需要成本240元左右；生产1千克鳅苗，需要成本130元之多。且生产出来的苗种极度有限，完全满足不了众多的养鳝、养鳅者的需求。

　　三、野外捕获的幼鳝和幼鳅作苗种人工喂养时，危险性极大源自千家万户从野外捕获的苗种，在捕捞、运输和暂养的过程中，不可能避免机械损伤、温差危害和生理机能破坏。也就是说，收集野外捕获的鳝苗和鳅苗进行人工喂养时，其发病率高，成活率低，稍有选购苗种的疏忽，就会导致养殖失败。

四、全国的湿地和水域面积在逐渐减少　据调查，全国各地可供鳝、鳅休养生息的湿地和水域面积在逐年减少。即使有些地区的水域面积没有减少，也被其他淡水鱼类养殖占用，故鳝、鳅的天然繁衍场所日趋窄小。

由此可见，发展鳝、鳅养殖业，继续依赖天然苗种是不行的，单一靠人工工厂化育苗也是行不通的。那么，有没有解决生产鳝、鳅苗种难题的办法呢？有！那就是普而广之的对黄鳝实行仿自然繁育，对泥鳅实行生态环养*。让各养鳝、养鳅者，自给自足地生产出优质、廉价的苗种。

湖北省嘉渔县大岩湖黄鳝养殖场　杜先声

2015 年 3 月

---

* 生态环养：即生态养殖，生态繁育，边养边繁，大小循环养殖并收获。

目　录

序

我为此书发微博

第一章　黄鳝的生态繁育 ………………………………………… 1

　第一节　黄鳝的繁育特性 ………………………………………… 1

　第二节　黄鳝种源 ………………………………………………… 8

　第三节　黄鳝全人工繁育常识 ………………………………… 19

　第四节　黄鳝的仿自然繁育模式 ……………………………… 26

第二章　鳝苗的培育模式 ……………………………………… 34

　第一节　0 龄鳝苗的培育模式 ………………………………… 34

　第二节　1 龄鳝苗的培育模式 ………………………………… 44

　第三节　鳝苗在特殊环境中的培育模式 ……………………… 53

　第四节　培育鳝苗的实践经验 ………………………………… 62

第三章　鳝苗疾病的预防与治疗 ……………………………… 76

　第一节　鳝苗疾病的"维生态"防治 ………………………… 76

　第二节　鳝苗防病治病药物的使用方法 ……………………… 87

第四章　鳝苗腥饲料的培育与制作 …………………………… 94

　第一节　活饵生产模式 ………………………………………… 94

　第二节　腥饲料的贮养与加工制作 ………………………… 109

第五章　泥鳅的生态繁育 …………………………………… 113

　第一节　泥鳅的繁育特性 …………………………………… 113

　第二节　泥鳅的繁育方法 …………………………………… 117

第六章　泥鳅的生态繁育模式 ………………………………… 126

第一节　泥鳅在稻田的繁育模式 ………………………… 126

第二节　泥鳅在池塘的繁育模式 ………………………… 136

第三节　泥鳅生态环养范例 ……………………………… 139

第四节　鳅苗繁育经验 …………………………………… 145

第七章　鳅苗疾病的防与治 …………………………………… 155

第一节　细菌引起的鳅苗疾病防治 ……………………… 155

第二节　寄生虫引起的鳅苗疾病防治 …………………… 157

第三节　特殊鳅苗疾病的防治 …………………………… 159

第八章　生态繁育鳝、鳅模式集锦 …………………………… 161

第一节　家庭仿自然繁育黄鳝模式攻略 ………………… 161

第二节　家庭仿自然繁育泥鳅模式攻略 ………………… 173

第 一 章
黄鳝的生态繁育

　　黄鳝的生态繁育，亦称黄鳝的仿自然繁育，或黄鳝在自然环境中自繁自育。这种繁育黄鳝的方法，目前还不为人熟知。笔者把这一创新技术，称之为黄鳝的广谱繁育。其繁殖方法，适应千家万户自给自足地生产鳝苗。

　　本章在编写黄鳝生态繁育的同时，也介绍了黄鳝的全人工繁育方法。目的是想让广大的读者，全面了解黄鳝的繁育知识，使之更科学的去从事黄鳝仿自然繁育"小生产"。

第一节　黄鳝的繁育特性

一、奇妙的黄鳝性逆转现象

　　1. 黄鳝的年龄　通常，我们把稚鳝从孵出至当年的入蛰前，称之为 0 龄鳝；把经过 1 次冬眠的幼鳝，称之为 1 龄鳝；把经过 2 次冬眠的中条鳝，称之为 2 龄鳝。此后的成鳝年龄由此类推。

　　在自然界中生长的黄鳝，其最高年龄为8龄。个别特殊高龄鳝，也只有 10 龄左右。

　　2. 黄鳝的性别　黄鳝雌雄间体。因其具有性逆转的特殊生理现象，通常称黄鳝为一性腺动物。

　　据研究表明：0～2 龄的黄鳝，一般都是雌性；从 3 龄开始，发生性逆转，出现雄性个体，但数量不多；4～5 龄的成鳝，大多逆转为雄性；6 龄以上的老鳝，全部都是雄性。

　　上述黄鳝的性之说，指的是黄鳝性逆转的普遍现象。然而，人工养殖的黄鳝和某个水域中自然生长的黄鳝，其性逆转现象因池而异、因环境而异、因气候而异、因密度而异。如某池中 5～6 月，雌鳝的比例居高，不多日，池中就会有一部分雌鳝自然逆转为雄鳝；反之，如果某池中的雄鳝比例居高，不多日，很快就有一部分雄鳝转为雌鳝。

鉴于黄鳝这一性逆转的特殊生理现象，我们在仿自然繁育鳝苗时，不必要过多地考虑亲鳝的雌雄比例，只要大小或老幼按比例搭配就行了。

资料 黄鳝的年龄与体长、体重的关系

一般来说，0龄的稚鳝个体长为12.2～13.5厘米，平均体长为12.8厘米，体重为6～7.5克，平均体重为6.5克；1龄的幼鳝个体长为28～33厘米，平均体长为28.1厘米，体重为11～17.5克，平均体重为15.4克；2龄的中条鳝个体长为30.3～40厘米，平均体长为35.8厘米，体重为20～49克，平均体重为36.4克；3龄的成鳝个体长为35～49厘米，平均体长为45.3厘米，体重为58～101克，平均体重为73.8克。体重超过100克、体长超过50厘米的黄鳝，皆为高龄老鳝。

二、黄鳝繁育池应具备的基本条件

1. 环境条件 黄鳝繁育池应选择在环境寂静的地方建造。池内和池子周边，应无敌害活动，无人畜嘈杂，无机器轰鸣和震动。

据试验，在不安静的环境中养殖或繁育黄鳝，其怀卵不产、怀卵不化现象十分严重。

2. 水体中的溶氧条件 所谓溶氧，即溶解于水中的氧气。水体中的溶氧，一方面来源于大气，另一方面是水生植物进行光合作用时产生。黄鳝在繁育期间，因受精卵需要呼吸，故水体中充足的溶氧对其尤为重要。在受精卵孵化的过程中，水体中的溶氧量应保持在3毫克/升以上。如果水体中的溶氧量低于1毫克/升，就会造成一部分未被泡沫托起的受精卵窒息死亡。

3. 水温条件 黄鳝繁育时，最适宜的水温在23～28℃。水温适宜，孵化率就高；水温偏低，孵化时间就长，孵化率就低；水温偏高，孵化时间就短，孵化率也低。水温超过32℃时，受精卵就有热死的危险。

4. 水质条件 黄鳝受精卵在孵化期间，要求泡卵的水质清新、嫩爽，且

pH 在 7 左右。

pH 表示水中的酸碱度。pH 不仅可以指示氢离子浓度，也可以间接地表示水中二氧化碳、碱度、溶氧和溶解盐等。一般来说，池中的二氧化碳越多，pH 就越低，对黄鳝的繁衍就越是不利，酸性环境会使亲鳝血液的 pH 下降，降低其身体的载氧能力，影响黄鳝的生育。亲鳝在 pH 大于 7.2 或小于 6.5 时，会影响性腺的发育。受精卵在孵化时，如果水体中的 pH 大于 7.2，受精卵就不能成活；如果水体中的 pH 小于 6.5，受精卵就会糜烂。

5. 窝床条件 在亲鳝培育池中或在受精卵孵化池内，都要有一定密度的"护生草"*。如在池内培植水慈姑、水花生和水葫芦等。这些水草能改良亲鳝的栖息环境，调控水体的温度，净化水质，并为亲鳝产卵授精提供窝床，以及为受精卵提供孵化床等。

资料 **水 慈 姑**

植物名：水慈姑。

别名：野慈姑、剪刀草。

形态特征：多年生或一年生浅水生草本植物。茎中空，直立，高 30～100 厘米。根须状。叶根生，具长柄，抱茎。叶片窄狭，基部呈剪刀状，箭形，先端长尖。花在伸长的花茎上排列成总状花序，雄花生于花序上部，呈淡蓝色；雌花生于花序下部，呈白色。花后结球形瘦果（图 1-1）。

生长分布：喜生于水田、湖边、浅水沟渠等地带。

作用：①用于亲鳝培育池中移栽，可为亲鳝遮阴，并有调节水体温度和吸收池底淤臭肥料的作用；②在仿自然繁育鳝苗池中大

图 1-1 水慈姑

* "护生草"：指的是有益于黄鳝繁育的水草，如水慈姑、水花生、水葫芦、水红蓼和乌龙冠等。

量移栽，能改善黄鳝繁育环境，净化水质，减少温差对亲鳝或受精卵的危害；③该草无论是移植于池内，还是药用，都有为水体解毒、为亲鳝保健、为受精卵护窝（保护泡沫巢）的作用。

三、黄鳝繁育的季节概念

黄鳝繁育的季节，在不同的地区，有不同的概念。

我国长江中下游地区，繁育季节在 5～9 月，其中，繁育盛期在 6～8 月，峰期在 7 月；黄河流域，繁育季节在 6～9 月，繁育盛期在 7～8 月，峰期在 8 月上旬；珠江流域，繁育季节在 4～7 月，繁育盛期在 5～6 月，峰期在 5 月下旬至 6 月上旬。

此外，黄鳝野外繁育时间的迟早，还与黄鳝出蛰的迟早（春季复水的迟早），以及黄鳝生活的水体深浅有着密切的关系。假如某池的黄鳝春季得水（或复水）较早，且池水较浅，其产卵繁育的季节就要早一些；如果某池春季得水（或复水）较迟，且池水较深，其产卵繁育的季节就要迟一些。

人工繁育黄鳝时，应选择在当地野生黄鳝产卵峰期前 30～40 天，开始培育亲鳝。

模仿自然繁育鳝苗，应选择在当地野生黄鳝产卵峰期前 25～30 天，进行投放亲鳝。

四、黄鳝的怀卵量与产卵次数

1. 黄鳝的怀卵量　黄鳝怀卵数量的多少，与雌性亲鳝个体大小成正比。即个体较大的雌鳝，怀卵数量较多；个体较小的雌鳝，怀卵数量较少。一般情况下，50 克左右的雌性亲鳝，其怀卵量在 350～550 粒；个别 50 克左右的雌鳝，卵粒数达到 600 粒或略超过 600 粒。

黄鳝的怀卵量较其他鱼类少，但在自然环境中，受精卵的孵化率几乎高达 100%，且仔鳝的成活率极高。根据黄鳝繁育的这一特性，模仿自然，实行半人工、半野生繁育鳝苗，是一种遵从自然科学，不违背自然规律的生产鳝苗的好方法。

2. 黄鳝的产卵次数　在自然界中生长的黄鳝，大多数一年产卵 1 次。但是，有些地区的黄鳝，由于地理气候特别适宜，生长的环境特别优势，也有一年产卵 2 批的现象。如湖北省洪湖市浅水湖滩上生长的黄鳝，一年就产卵 2 批。第 1 批在 5 月底至 7 月上旬，第 2 批在 8 月初至 8 月下旬。这 2 批的产卵现象，有很大的可能是黄鳝一年产卵 2 次。

人工高密度养殖的黄鳝，有 30% 一年产卵 1 次，45% 不怀卵，25% 怀卵不产（怀卵不产的黄鳝，一般在秋后慢慢被身体吸收，也有少数黄鳝因不能化去体内的卵而死亡）。

五、黄鳝雌雄性腺的发育过程

一般来说，黄鳝的体长在 20 厘米以上，年龄在 2 周年时，其性开始成熟。黄鳝性腺始熟期，通常称之为第一次性腺发育成熟，亦称雌性成熟。

1. 雌性性腺的发生与分化 雌性性腺的发生与分化，一般分五个时期：

（1）生殖腺的出现及其发育时期 在仔鳝出膜的第 5 天，平均体长 1.8 厘米时，可见较大的原生殖细胞，两桃形生殖腺原基已开始离开背血管而进入体腔。

（2）生殖腺开始分化时期 幼鳝出膜约 26 天，平均体长 4.5 厘米，生殖腺逐渐增大且向右伸展，左右生殖腺大小基本相似，长约 50 微米，宽约 20 微米。

（3）左右生殖腺合并时期 幼鳝出膜约 30 天，平均体长 5.6 厘米时，左右生殖腺外膜合并，形成纵隔。卵巢腔十分明显，生殖腺上皮由多层细胞组成。

（4）单一生殖腺形成时期 幼鳝生长约 60 天，平均体长为 7 厘米时，纵隔完全消失，代之以 2 条髓索和不同发育时期的卵母细胞。幼鳝生长约 90 天后，平均体长为 7.8 厘米时，生殖腺横切面为长形，内有大小不等的卵母细胞。生殖腺被膜，有些地方不易看清。

（5）生殖腺分化结束时期 幼鳝生长 120 天，平均体长 13.5 厘米时，为单一生殖腺，位于体腔右侧。生殖腺外观为乳白色。幼鳝生长至 150 天，平均体长 14 厘米时，其生殖腺外观，与 120 天时相比，长度差不多，但明显增粗，且为淡黄色。生殖腺切面为梨形，最长直径为 530 微米，最短直径为 390 微米，其内充满许多不同发育时期的母卵细胞。卵巢腔明显，生殖腔外有 5 微米厚的结缔组织被膜。

2. 卵巢的发育过程　黄鳝体内有卵巢，卵巢外有一层结缔组织形成的被膜，膜内有卵巢腔，卵巢腔内充满形状各异、大小悬殊、不同发育时期的卵母细胞，卵径为 0.08～3.7 毫米。黄鳝卵巢发育有六个时期：

第一期：卵巢白色，透明细长，肉眼看不见卵粒，显微镜下可见透明细小的卵母细胞。长 5.9 厘米、重 0.4 克的仔鳝，解剖后可找到细小而透明的卵巢；长 8.2 厘米的幼鳝，卵巢内充满细小的卵母细胞。

第二期：卵巢较第一期稍粗，白色透明，肉眼看不见卵粒，显微镜下可见卵巢充满透明而细小的卵母细胞，卵径 0.13～0.17 毫米。此时的幼鳝体长一般在 15 厘米以内。

第三期：卵巢更加粗壮，已由透明的白色转变为淡黄色。肉眼可见卵巢内有很多细小的卵粒。卵径为 0.18～2.2 毫米。此时的幼鳝体长在 15～26 厘米。

第四期：卵巢明显粗大，卵母细胞也明显增大，卵粒大小较一致，颜色由淡黄色变为橘黄色。显微镜下可见黄色颗粒内充满整个卵母细胞。细胞核逐渐偏离中心位置。卵径 2.2～3.4 毫米。整个卵巢长度占头后体长的 44.6%～59.2%，平均卵巢长度占黄鳝头后体长的 53.2%。此时的黄鳝体长为 30 厘米左右，少数可达 40 厘米以上。

第五期：卵巢粗大，其内充满橘黄色的卵粒，呈球形，卵径 3.3～3.7 毫米。卵母细胞内充满排列致密的卵黄球，细胞核移至一端，卵在卵巢内呈游离状。此时，黄鳝的体长与第四期的体长没有多大的变化，只是已临近产卵。

第六期：此时的黄鳝为产后的亲鳝，卵巢萎缩，其中含有少量未产出的卵粒，这些卵粒已趋生理死亡，将被鳝体慢慢吸收化除。

3. 雄性性腺的发育　多数黄鳝在 2 龄之后转变为雄性，也有少数黄鳝不到 2 龄就已转变为雄性。黄鳝转雄初期，腹内已见不到卵巢，而精巢尚未成熟，表现为细长、灰白色，表面有色素斑点。显微镜下可见曲精小管及不活动的精母细胞，随着时间的推移，精巢发育得更加粗大，表面分布形状不一的黑色素斑纹，成熟后在显微镜下可见数量多而细小的活动精子（黄鳝的精子分为头部、颈部和尾部。头部为圆形；颈部外缘有球状结构；尾部细短）。

4. 精巢的发育过程　黄鳝精巢的发育分为六个时期（泛指长江中下游地区生长的黄鳝）：

第一期：精巢内散布精原细胞。时间在 3 月 1 日以前。

第二期：精巢体积大，精原细胞的数量很多。精小囊内无腔隙。时间在 3 月初至 3 月中旬。

第三期：精巢有大量初级精母细胞，少量精原细胞。精小囊中有腔隙。时间在 3 月中旬至 4 月中旬。

第四期：精小囊内主要充满次级精母细胞和精子细胞。精小囊腔隙加大。时间在 4 月下旬到 5 月下旬。

第五期：精小囊内充满成熟的精子，小囊壁主要由精子细胞及其向精子变态的各阶段成分组成。时间在 5 月下旬至 8 月上旬。

第六期：大部分精子已排出，精小囊中残存少量精子。时间在 8 月 10 日之后。

资料　　　黄鳝的雌雄间体阶段

黄鳝在经过 2 次冬眠之后，体长在 27～37 厘米时，开始转入雌雄间体阶段。此时的黄鳝性腺被膜加厚，卵巢逐渐退化，精巢逐渐形成。本阶段的性膜分为前期和后期。前期倾向于雌性，后期倾向于雄性，但卵巢和精巢并存于体腔内。解剖镜下可观察到少数残留的细小卵粒，被逐渐退化吸收，分解成橘黄色的絮状物。同时，也可看到刚形成的不完整的曲精小管。

六、黄鳝自然繁衍概况

1. 黄鳝在自然界中的性比例　黄鳝的生殖群体在整个生殖时期是，雌性个体多于雄性个体。就一年而言，7 月之前，雌性个体占大多数，其中 2 月期间雌鳝占 91.3％。8 月雌鳝逐渐减少到 39％，因为 8 月之后，产过卵的雌鳝性腺大多逐渐逆转。8～12 月，当幼鳝长成鳝苗时，雌雄鳝比例各占一半。秋、冬时节，经人们择大留小的捕捞之后，入蛰和出蛰的黄鳝，雌性比例仍占大多数。

2. 配偶的自然构成　在自然界中，黄鳝的繁育，多数由子代（雌性）与亲代（雄性）配对，少数与前两代仍至三代配对。但是，当繁育群体缺乏雄性个体时，同龄（或同批）黄鳝中就有少数雌性提前转为雄性，再与同龄（或同批）雌鳝配对繁育后代，这是黄鳝有别于其他动物的特殊繁育生理现象。黄鳝在自然界中繁育配对的雌雄比例为 3∶1。

3. 建洞与筑巢　黄鳝一般 1 年只繁育 1 次，而且产卵同期较长。在繁育季节到来之前，亲鳝先营建繁育洞穴。一般繁育洞穴建造在埂边、小岕边或水草丛中，洞口通常开在隐蔽处，洞口下缘 2/3 浸入水中，分前洞和后洞，有一部分亲鳝还营造了侧洞（即方便出入的洞口）。前洞用于筑泡沫巢产卵，洞深 10 厘米处比较宽阔；后洞细长，向池内或向埂内、岕内深处延伸。黄鳝繁育洞的洞口，常隐蔽于田埂、堤埂或小岕边水草中，在没有水草的埂边、堤边或小岕边，亲鳝常将洞口隐藏在土堡下或土堡子的缝隙里。繁育洞打好之后，雌雄亲鳝并居其中（也有单一的雌鳝居于洞中的现象），并开始吐泡沫筑巢。

4. 产卵与孵化　性腺成熟的雌鳝，一般腹部膨大，呈橘红体色（也有呈灰黄体色的），并有 1 条红色横线。产卵前，雄性亲鳝吐出特殊的筑巢泡沫。泡沫的气泡细小，借助口腔中的黏液形成，不易破碎和消失，泡沫巢常借水草或堡缝隐蔽固定，然后产卵受精。受精卵借助泡沫的浮力，浮于洞口的水面上，完成胚胎的发育过程。受精卵呈黄色或橘黄色，半透明，卵径吸水后一般为 2～4 毫米。亲鳝（特别是雄性亲鳝）有护卵、护子的习性，自产卵受精之后，亲鳝就停止摄食，不外出活动，一直守护到鳝苗孵出为止。

亲鳝吐出泡沫巢的作用，可能有两个方面：一是使受精卵托浮于水面，因水面的溶氧高、水温高（较池底水温，即适宜孵化的水温），有利提高孵化率；二是使受精卵不受敌害和细菌病毒侵害。

在孵化期间，即使雄鳝受到惊动，它也绝不会远离孵化洞穴。当孵化环境不适时，亲鳝还会将受精卵吸入口腔内，及时转移到适宜的安全环境里继续孵化。

黄鳝受精卵孵化的适宜温度在 21～30℃，最适宜孵化的水温在 24～28℃。水温在 30℃ 左右时，需要 5～7 天孵出仔鳝；水温在 25℃ 左右时，需要 9～11 天孵出仔鳝。自然界中黄鳝受精卵的孵化率几乎 100%。这种极高孵化率，主要是泡沫巢的作用。据研究表明，亲鳝所筑的泡沫巢，不仅有保护受精卵的作用，而且对细菌、病毒都有抑制作用。

第二节　黄鳝种源

一、黄鳝种质的优与劣

人工或半人工仿自然繁育黄鳝，在选择野生成鳝作亲鳝时，应择取体表无伤、活动强烈、体格健壮和体色青黄的黄鳝。若背部带青灰色或青黑色、体表灰暗、瘦弱、黏液少和活动无力的黄鳝是劣质鳝，不宜选用。

黄鳝种质的优与劣，按其体表花纹可分为三级：

一级：花点大，斑纹稀。它是2龄以上黄鳝所产的后代，并长期在大面积的水域中生长，未经受任何肥害或药害，也未经受夏、秋季节严重的干旱危害。这样的黄鳝繁育的后代，生长极快，每年可增重4～8倍。

二级：花点较小，斑纹较稀。它是2龄左右黄鳝的后代，用之作亲鳝，怀卵量较多，繁育的后代生长较快，每年可增重4倍左右。20克以下的鳝苗，每年可增重5～6倍。

三级：表体花点密集，呈布眼状，斑纹如带状。此鳝多生长在稻田，它是一种长期受农药、化肥危害，饥饿和干旱影响而形成的一个种群，也就是人们常说"小黄鳝"的后代。这种黄鳝如果用其作亲鳝，所繁育的后代贪吃而增重缓慢。20克以下的鳝苗，一年只能增重2倍左右；50克以上的鳝苗，每年增重只有1倍。

为了优化黄鳝品种，在选择亲鳝时，最好择取一、二级良种，淘汰三级劣种。以提高人工养鳝时的经济效益。

二、选择亲鳝要有杂交意识

选作人工或半人工仿自然繁育鳝苗的雌、雄鳝种叫亲鳝。选择亲鳝时，要有杂交意识。

1. 亲鳝应具备的基本条件　花点大、斑纹稀，且体重不小于200克（雄鳝），或不大于80克（雌鳝）。

2. 雌雄比例　雌、雄亲鳝的比例一般为3：1。具体选择时，80克以下的黄鳝占74%，200～350克的黄鳝占26%。因为80克以下的黄鳝多为雌性，200克以上的黄鳝多为雄性。

3. 花点比例搭配　一般大圆花点与长椭圆形花点的比例各占一半。

4. 体色比例搭配　褐黄色的黄鳝与青黄色的黄鳝比例各占一半。

如此选择亲鳝的目的，是为了防止同一种族的黄鳝繁衍退化。

三、雌雄亲鳝的鉴别方法

在同一尾黄鳝中，除存在着雌性阶段和雄性阶段之外，中间还存在着一个介于雌、雄性状之间的雌雄间体阶段。雌雄间体阶段的黄鳝是不能参与繁育的（特别是人工同一时期的繁育）。因此，在人工繁育黄鳝时，需要对亲鳝的雌雄进行鉴别。鉴别亲鳝雌雄的方法有三：

1. 依据外部形态鉴别　在繁育季节来临时，黄鳝均会表现出特殊的形态。

（1）雌鳝　腹部膨胀，呈半透明粉红色，生殖孔红肿，并呈膨大状态，若手握亲鳝对着阳光或灯光进行观察，可见腹内有卵粒。此外，雌鳝与雄鳝比较，头部细小不隆起。

（2）雄鳝　雄鳝的腹部几乎无突出表现，腹部有网状血丝分布，生殖孔也表现红肿，稍有突出。若手握雄鳝，使其腹部向上，在阳光或灯光下看不到体内组织。与雌鳝不同的重要表现是，雄鳝头部较大而隆起。

2. 依据鳝体规格大小鉴别　在非产卵期，雌、雄鳝外观上较难鉴别。因此，按照雌、雄个体规格大小来进行辨认，也是一种可行的方法。一般来说，雌、雄鳝在规格方面的规律较为明显。体长 24 厘米以下的黄鳝，均为雌性；体长在 24～30 厘米的黄鳝，雌性仅占 6％；体长在 30～36 厘米的黄鳝，雄性占 41.3％；体长在 36～42 厘米的黄鳝，雄性占 90％。

值得注意的是，在自然界中生长的黄鳝，由于营养和生存环境不良，性腺成熟的规格会大一些。

3. 依据黄鳝体表色泽鉴定　一般情况下，黄鳝 24 厘米长时开始进行性逆转。此阶段的黄鳝体表呈青褐色，无色斑或微显 3 条平行褐色的白色素斑；40 厘米长以上的黄鳝，基本完成性逆转过程。此时雄性的比例高，鳝体呈褐黄色，色斑较明显，常有 3 条平行带状的深色素斑点。

总之，鉴别亲鳝的雌雄时，只需要基本掌握上述三种方法就行了。在选择亲鳝时，不必要过于苛刻。特别是仿自然繁育鳝苗时，对于亲鳝雌雄比例搭配的要求是很宽松的。

四、亲鳝的野外捕捞方法

用作繁育鳝苗的亲鳝，一般从野外捕捞，捕捞的最佳方法是用传统的篾笼或新近研制的 L 形鳝笼（图 1-2）进行诱捕。以笼捕鳝有"七窍"。

第一窍：看季节确定放笼位置。春季，气候温和，黄鳝大都在出蛰的洞口附近活动，因此，鳝笼应置于水草萌发的地方；夏季，气温高，水温适宜，黄鳝活动强烈，觅食旺盛，因此，鳝笼应放置于有食可觅的地方；秋季，水位大

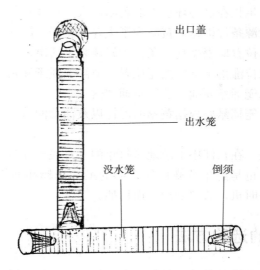

出口盖

出水笼

没水笼   倒须

图 1-2　L形鳝笼示意图

都下降，黄鳝一般在水草丰盛的地方打洞，准备入蛰，因此，鳝笼应放置于水生植物茂密的地方进行诱捕。

　　第二窍：看天气确定放笼位置。天气炎热时，黄鳝常栖息阴凉处避暑；天气凉爽时，黄鳝又喜欢趁黑夜在空白水面处寻找食物。因此，放笼诱捕的位置，应根据天气的冷暖来灵活决定。

　　第三窍：看风向确定放笼位置。如果全池或全沟渠塘堰均因刮风而水拍浪打，黄鳝是绝不会出洞活动的，因为黄鳝怕浪，怕水拍浪击。因此，刮南风时，应将鳝笼放置于南坡诱捕；刮北风时，应将鳝笼置于北坡诱捕。

　　第四窍：看水体深浅确定放笼位置。如果全池或全沟渠塘堰的水体都比较深，鳝笼应置于浅水坡边诱捕；如果全池或全沟渠塘堰的水体都比较浅，鳝笼则应置于较深水处的坡边诱捕。

　　第五窍：看水流确定放笼位置。黄鳝惧怕激流，但为了寻找食物，常潜伏在流水旁的静水中候食。因此，流水处应择静水处放笼诱捕；当全池或全沟渠塘堰寂然无波时，黄鳝出于觅食、择氧等原因，又喜欢选择微流处活动。因此，静水处应择微流的坡边放笼巧捕。在微流处放笼巧捕时，最好选择微流两边的静水处放笼，以利黄鳝准确嗅饵。

　　第六窍：看食源确定放笼位置。有些沟渠塘堰中的小鱼、小虾或微生物多，食源条件好，生长在这种环境中的黄鳝，大多选择寂静处休养生息；而有些沟渠塘堰中的食源条件极差，黄鳝为了生存，就经常出入人畜嘈杂处寻找食物。因此，放笼的位置应根据食源条件的好坏来灵活决定。

第七窍：看水位涨落来确定放笼位置。黄鳝习惯于涨水时出洞活动，落水时潜伏于洞中。以笼捕鳝要捕"涨"不捕"落"。

总而言之，以笼捕鳝要根据黄鳝的习性以及活动的特点，来灵活确定放笼诱捕的位置。

值得注意的是，在长江中下游地区每年的5月底至6月初，既是黄鳝活动最为活跃的时期，也是野生黄鳝用作亲鳝的最佳选择和捕捞时期，以笼捕鳝者，要把握好这一时机，通"七窍"而诱捕。

五、亲鳝的选购方法

严格把好收购亲鳝质量关，是保证黄鳝繁育成功的关键之一。因为黄鳝在捕捞、运输和暂养过程中，常因操作不慎或采用的方法不当，而导致"七大绝症"，即温差症、脱黏症、发热症、溺水症、伤残症、出血症和急、慢性中毒症。如果在购买亲鳝时，不严格筛选，一旦将生理机能和繁育功能遭受破坏的黄鳝用作亲鳝，就会导致不可收拾的局面。

1. "七大绝症"的起因

（1）温差症　多由贩子将黄鳝运回家后，用温度较低的水浸洗鳝体所致。如采用水缸里的凉水"透鳝"，用自来水冲洗鳝体或用井水暂养黄鳝等。

（2）脱黏症　多由捕捞、收购和运输工具过硬（如蛇皮袋、篾篓等），造成黄鳝表体黏液大量损失所致（这种病症俗称"拖了"）。

（3）发热症　在运输途中，由于某一容器内的黄鳝装得过多，加上运输时间长或暂养换水不及时，造成黄鳝黏液发酵，使鳝体温度升高而导致发病。

（4）溺水症　捕捞黄鳝时，因捕捞工具溺水，造成黄鳝体内严重缺氧而佯死，收捕出水后，有一部分会死而复活，放养于亲鳝培育池中1～3天后，又活而复死。即使有些黄鳝不死，其体内的卵或精子也会死亡。

（5）伤残症　多因采用不正确的捕捞方法而造成，如夹子夹捕、电捕和钩钓黄鳝等。

（6）出血症　黄鳝出血症有三种类型，即细菌、病毒性出血病；血液寄生虫性出血病；积累性中毒性出血病。细菌、病毒性出血病，是由产气单胞菌感染所致；血液寄生虫性出血病，是由隐鞭虫寄生黄鳝血液所致；积累性中毒性出血病，是由长期过量在黄鳝生长的水体中使用化学药物所致。

（7）急、慢性中毒症　多由在某水域中过量使用渔药和农药所致。

以上所述"七大绝症"的黄鳝，不仅完全不能用作亲鳝，而且误入亲鳝培育池中，会因发病、死亡，产生恶臭，使健康的亲鳝拒食，并导致染病，最终会致使亲鳝培育失败。

2. 选购亲鳝要坚持"九不要"

（1）表体有伤痕、病斑、黏液脱落和肉眼能看见锥体虫的黄鳝不要。

（2）嘴唇乌黑且破皮出血和口腔内充血的黄鳝不要。

（3）白尾、烂尾、尾巴出血、尾巴卷成圆圈和尾巴上有陀点的黄鳝不要。

（4）肛门红肿出血的黄鳝不要（非正常生殖器红肿）。

（5）眼睛有白膜状物质蒙住的黄鳝不要。

（6）黄鳝体表花点微小且密集的不要。

（7）钩钓的黄鳝（头颅、胸腔或咽腔有钩眼，用手指顶之，可以看见钩眼或有血迹从钩眼溢出）不要。

（8）电打的黄鳝（电打的黄鳝有电击破皮的痕迹，解剖时，可见鳝体某部位有明显的淤血或肌肉坏死）不要。

（9）夹子夹的黄鳝（用拇指与食指结合，箍拉鳝体，有明显的阻手感觉）不要。

3. 检测方法

（1）水检法　将购回的亲鳝放入容器内，加适量的露天水，静放3～5分钟，不合质量的亲鳝多浮于表面。

（2）震检法　将水检后浮于表面的黄鳝清除，再静置3～5分钟后，用手或用脚击一下容器，合乎质量的亲鳝活动强烈，并且头朝下、尾朝上，或者头朝上竭力外逃；不合质量的黄鳝，反应迟钝，头朝上、尾朝下，或者蜷曲在容器表面，有的甚至抽搐、仰肚子等。

（3）挤压法　用拇指配合食指捏成箍形，将鳝体从上至下箍拉一遍，探其是否有硌手感；用拇指指头顶压黄鳝腹部，从中端顶推至肛门，看其是否有黄色脓状物或黏稠物从肛门溢出，若有，说明其鳝有肠道疾病，不能用作亲鳝培育（此法只限在3～4月进行检测）。

（4）提"鱼"法　将黄鳝提起，看其尾巴是否向上打勾，打勾强烈的黄鳝是优质鳝；不打勾或打勾无力的黄鳝是劣质鳝。

4. 查询方法

（1）查收购时间的长短　在气温超过 32℃时，暂养超过 3 天的黄鳝不能用作亲鳝；气温在 25℃左右时，暂养黄鳝的时间也只能限制在 1 周之内。

（2）查收购地点　一般收购亲鳝以当地的品种为好，外地次之；大沟、大渠、大河或大鱼池中捕捞的黄鳝较好，水稻田和浅水沟渠中捕获的黄鳝次之。

（3）查收购和运输工具　蛇皮袋和篾制容器装运的黄鳝危险，白铁箱和聚乙烯软胶袋装运的黄鳝比较安全；嗅其收购和运输工具有无异味；看装运或暂养黄鳝的铁皮箱底部是否生锈。

5. 注意事项

（1）养鳝者在亲鳝购回家后，不要用温差较大的水缸凉水"透鳝"或暂养黄鳝（最好选择自然沟渠塘堰中的露天水）。

（2）养鳝者运输亲鳝时，不要放在自行车和摩托车上颠簸（最好用手提或肩挑）。

（3）养鳝者收购亲鳝时，最好将每个捕鳝者捕获的黄鳝，分购、分装和分喂，以防病鳝感染好鳝，以及防止劣质鳝混入优质鳝中。

（4）经常清洗购鳝工具和运输黄鳝的工具。

（5）不要使用生锈的白铁箱暂养或装运黄鳝，也不要用有毒的聚丙烯材料做成的胶桶或胶盆长时间寄养黄鳝（亲鳝）。

6. 收购哪些黄鳝作亲鳝最好

（1）抄网抄捕的、鳝笼诱捕的、夜间赤手捉的（3～4 月）、干涸的水沟中挖捕的和赤手抠捕的黄鳝为好。

（2）当地的、性腺线成熟的、体表花点稀且大的、色泽黄或较黄的、体格健壮的为好。

（3）暂养时间短的、无任何病症的黄鳝为好。

7. 劣质鳝混入亲鳝培育池后的发病情况与应急处治

（1）发病情况　劣质鳝混入亲鳝培育池中之后，一般 2～7 天发病，8～12 天大部分死亡。发病时应采用中草药与常规化学渔药相结合的综合防控措施，以控制传染。

（2）应急处理　每天白天在亲鳝培育池内寻找着清除浮头鳝、露体鳝 2～3 次；每天早晨换水 1 次，并借换水之机，清除不入洞穴或藏身于水草中的病鳝；每天夜晚，利用矿灯照明，把裸露于水生植物上昏睡的病鳝剔除。

（3）应急治疗　取鲜辣蓼、鲜海蚌含珠和鲜墨旱莲（全草）各等份，扎成若干小把，浸泡于亲鳝培育池中，每平方米放置1把（混合重量约1千克）、浸泡5～7天后，捞起残渣；从发病之日起，每立方米水体用0.3克二氧化氯全池泼洒，每天1次，连用4天。

 资料

1. 辣蓼

植物名：辣蓼。

别名：水蓼、水红蓼、秋花蓼和细叶蓼等。

形态特征：一年生草本植物。高30～40厘米，多分枝，节部膨大，茎红色或青绿色。单叶互生，披针形，叶表面中脉两旁有人字形黑纹，揉碎有辛辣气味。淡红色花顶生或腋生，总状花序。果小，熟时褐色，三角形（图1-3）。

生长分布：生于田间、路旁、沟边或房前屋后等地带。全国各地均有生长。

作用：①治疗黄鳝肠炎、口舌炎、咽腔炎，每立方米水体200～400克，兑水小火浓煎，全池泼洒；

图1-3 辣 蓼

②治疗黄鳝烂皮、烂尾，佐以地锦草同用；③移植于亲鳝培育池中或幼鳝饲养池中，可预防烂肠瘟和温差症；④与地锦草、墨旱莲配伍使用，可防控黄鳝败血症。

2. 海蚌含珠

植物名：铁苋菜。

别名：海蚌含珠、人苋、独角龙或独脚龙、血见愁等。

形态特征：一年生草本植物。高30～40厘米，茎直立，有纵条纹，有灰白色细毛。叶互生，有长柄，叶片菱状卵形，长2.8～8厘米，边缘有锯

齿。由基部发出三脉。6～9月开花，雌雄同株；雄花集成穗序状，雌花生于对合的蚌苞片内，故名"海蚌含珠"。9～10月结三角形半月形果（图1-4）。

图1-4　海蚌含珠

生长分布：生于荒野、田野、路旁和鱼池堤埂上，平原湖乡随处可采。

药用部分：全草。

采收季节：6～10月。

加工贮存：洗净、晒干备用。

作用：①治疗黄鳝肠炎、烂肠瘟、肠出血，每立方米水体取其干品100～150克，兑水小火浓煎，开后5～8分钟，取汁滤渣摊凉，全池泼洒；②治疗黄鳝烂皮、烂尾和烂头，与急解索配伍使用；③移植于亲鳝培育池中的浅水地带，可防控败血症。

3. 墨旱莲

植物名：鳢肠。

别名：墨旱莲、墨汁草、墨汁莲蓬草等。

形态特征：一年生草本植物。地下根细长，黄白色。茎圆柱形，基部分枝，绿色或紫红色，全株被粗毛，折断后断面逐渐变黑。叶对生，两面均有白色粗茸毛，无叶柄，披针形，边缘常有锯齿。秋季开白色小花，头状花序，单生叶腋或枝顶，具花梗，花序卵形，开放后呈扁圆形；边缘有两层舌状花，中央为多数管状花。花后结暗褐色扁椭圆形瘦果（图1-5）。

图1-5　墨旱莲

生长分布：生于田间、路旁和沟边等湿涧处，平原地区随处可采。

药用部分：全草。

采收季节：夏秋两季。

加工贮存：洗净、切段、晒干。

作用：①治疗黄鳝出血病、产卵出血、损伤性出血，每立方米水体取其干品100～150克，佐以海蚌含珠干品100～150克，兑水小火浓煎，开后约5～8分钟，取汁摊凉，全池泼洒；②可用于为黄鳝催肥育壮；③移植于鳝池的浅水地带，有调控水温、防控败血症和萎瘪症的作用。

六、警惕亲鳝的"隐形杀手"

温差，是亲鳝的"隐形杀手"。据调查统计，在亲鳝培育失败者中，有55％以上都是"死"于温差症。为了确保黄鳝繁育百分之百的成功，我们就必须严防温差对亲鳝的危害。

一般来说，亲鳝应变温差的能力只有±3℃左右。具体来说，亲鳝应变出水温差（捕捞出水时水与空气的温度差别）的能力，只有±3℃；应变入水温差（投放亲鳝于水中时，空气与水的温度差别）的能力，只有±2℃，应变换水温差（换水时亲鳝培育池内的水温与池外水体温度的差别）的能力，只有±3℃。此外，亲鳝应变昼夜温度差的能力，也只有±10℃。短时间内的温度差距越大，对亲鳝的生理机能和繁育功能的破坏也就越严重。根据上述亲鳝对温差的应变能力，我们在黄鳝繁育工作中，应注意以下几点：

1. 出水温差危害 出水温差对亲鳝的危害，主要是指亲鳝在捕捞出水时，水温与气温差超过±3℃的危害。捕捞亲鳝时，如果水温与气温的温差大于±3℃，亲鳝一出水，其生理机能和繁育功能就会遭受温差危害。这种现象往往不被人察觉。特别是在天气突变、阴雨时节、大风降温天气和中午阳光强烈之时，水与空气的温度差距极大，故在捕捞亲鳝时，要审时度势，切实把握好出水温差的度数，发现温差过大，应坚决停捕。

2. 入水温差危害 入水温差对亲鳝的危害，主要是指亲鳝在投入水中时，水温与气温差大于±2℃的危害。在投放亲鳝时，如果水与空气的温差大于±2℃，亲鳝一入水，其生理机能和繁育功能就会遭到或轻或重的损害。如果入水温差大于±4℃，亲鳝入水后，5～7天发病，8～12天全部死亡。因此，在恶劣天气情况下或在阳光强烈之时，最好不要投放亲鳝于培育池中。即使是在早、晚投放，也要先测试一下水与空气两者之间的温度差距。

3. 换水温差危害 换水温差对亲鳝的危害，包括给亲鳝培育池换水时的温差危害、暂养亲鳝注水容器中时，水与室内温度差距的危害，以及在运输过程中或运回家时，给亲鳝"透水"的危害（袋内的温度与水体温度差距的危害）等。对此：①给亲鳝培育池换水时，最好在7：00～9：30进行，在恶劣天气情况下，不要更换池水；②在暂养亲鳝时，不要采用水缸里的水、自来水和井水，最好选用自然沟渠中的露天水，且取用露天水的时间，安排在 7：00～10：00；③在运输亲鳝的过程中，不要将亲鳝随意放入沟渠塘堰、河湖水库中"浸"、"透"、"漂"、"洗"，最好的方法是将亲鳝运回家中后，静放阴凉处 20 分钟左右，然后再用露天水"透鳝"、"喂鳝"（放入有水的溶器中暂养）。

4. 自然温差危害 自然温差对亲鳝的危害，主要是指暴雨陡降或冷空气南下时，池水急剧下降对亲鳝产生的危害。对此，繁育基地的决策者们，要密切注意天气变化，在冷空气到来之前或在暴雨即将降临时，给培育池提升水位10～20 厘米。冷空气或暴雨过后 16 小时，将池水复原。此外，还要精心培植好亲鳝培育池中的水生植物，使其茂密生长，以抵抗忽冷忽热的天气变化，并调节水体中的昼夜温差，达到池水缓升缓降的目的。

亲鳝一旦遭受温差危害，一般有下列表现：抽搐、打转转、卷尾巴、露身于水生植物上昏睡、肌体僵硬或死而不僵等。具有这些典型的温差症状的亲鳝，一般属于温差危害较重症。如果亲鳝遭受温差危害较轻（±4℃以下），4～12天后可以恢复健康，但怀卵不产；倘若遭受±4℃以上的温差危害，不仅其繁育功能完全破坏，而且性命难保。

七、保护野生黄鳝的自然繁衍

黄鳝的天然资源虽然丰富，但随着市场需求量的增大，黄鳝价格的不断提高，加之捕捞工具的日趋先进，水田耕作方式的改革，以及农药化肥的危害，目前已开始大幅下降，有些人口密集的地区，还濒临绝迹。可以断言，要不了多少年，黄鳝的天然资源就会枯竭。

依笔者之见，各黄鳝资源丰富地区，都应该制订保护亲鳝和幼鳝的管理条例。建议如下：

（1）根据黄鳝的繁育习性，定 7 月为亲鳝保护月，也就是在每年的 7 月期间，禁止在某点、某区域捕捞黄鳝，因为 7 月期间是黄鳝的繁育盛期。

（2）加强黄鳝购销市场管理，规定 30 克以下的幼鳝禁止捕捞上市。凡上市的黄鳝，体长必须达到 25 厘米。

（3）严禁使用药物和电器捕捞黄鳝。

（4）加强人工繁育黄鳝和仿自然繁育黄鳝的教学和宣传，奖励人工繁育黄鳝和仿自然繁育黄鳝的先进个人或集体。

（5）有条件的地方，可以划分黄鳝天然资源保护区。

保护野生黄鳝的自然繁衍，是维护生态平衡、造福桑梓、泽福子孙的千秋大计。各级政府和各级渔政管理单位，要对此加大管理力度，因地制宜地制订相关政策和管理法规，使我国人民酷爱的黄鳝这一物种世代保存，永久相传。

第三节 黄鳝全人工繁育常识

一、亲鳝产前的培育方法

亲鳝的培育，一般采用水泥池或网箱专养。无论是采用水泥池还是采用网箱，都要在其内培植大量的水葫芦或水花生，为亲鳝培育创造一种近乎自然的优越环境。

培育亲鳝的目的是，使雌、雄鳝体的性腺达到成熟，顺利进行人工催产。亲鳝培育的好坏，直接影响受精率、孵化率和出苗率。因此，培育亲鳝时，强化饲养管理尤为重要。

一般情况下，培育池或培育亲鳝的网箱，每平方米投放亲鳝 9 条左右。雌、雄比例以 2∶1 为好（人工授精时，雄鳝多一些有利提高受精率）。

1. 饲养 培育池内或网箱内培育的亲鳝，其饲养饵料应以新鲜的动物性腥饲料为主，因为亲鳝发育时对蛋白质的需求量特别大。具体投喂饲料时，可选用蚯蚓、螺肉、蚌肉、蚬肉、鱼糊、黄粉虫和淡水小龙虾糊等。除此之外，还可以辅助投喂些熟透的豆渣和豆饼等。日投食量为亲鳝体重的 5%～8%。投喂时间最好定在 18∶30～19∶30。如果投喂活饵，可以日投 2 次，即 9∶30 投喂 1 次，18∶30～19∶30 投喂 1 次，2 次投食的总量不得超过黄鳝体重的 8%。一般上午少投，下午多投。

2. 管水 亲鳝的产前培育，一般在 4～7 月。4～5 月，每周给培育池换水 1 次；6～7 月，每周给培育池换水 2～3 次（网箱培育例外）。对于池子的换水，要灵活把握。如果池内水体清洁，可少换水；如果池内水体混浊，有异味或黄鳝摄食不旺，可勤换水。

在亲鳝临产前 15 天时，应在池内用电动吸程小泵（550 瓦）每天冲水 1 次，冲水时间安排在 8∶00 左右。每次冲水 20～30 分钟，冲水的水流不能太大。冲水时，水流从左半边池中进入，右半边应有孔等量外排，使池水的深浅度基本稳定。冲水的目的是对亲鳝进行水流刺激，促其性腺发育成熟。

亲鳝培育池中的管水深度，应根据池内水生植物生长的好坏来决定。如果池内的水生出水植物生长特别茂密，且形成了浮排，管水可深一些；如果池内的水生出水植物还未形成浮排，管水可浅一些。一般有土层的亲鳝培育池中，管水 20～30 厘米；无土层的亲鳝培育池中，管水 30～40 厘米（要有良好的水生植物排）；套网箱培育亲鳝的池塘，管水 50 厘米左右。

3. 防病 亲鳝在培育过程中，易感染细菌性疾病（特别是水霉病）。对此，应采取下列方法进行预防：①亲鳝入池前，先对培育池用 30 毫克/升的生石灰，化稀浆趁热全池泼洒一遍，消毒后，间隔 5～7 天投放亲鳝；②每 10～15 天，对亲鳝培育池用 0.3 毫克/升的二氧化氯消毒 1 次；③保持饲料的绝对清洁卫生；④对亲鳝培育池外界的引用水体，每 10～15 天用 25 毫克/升的生石灰或 1.5 毫克/升的漂白粉消毒 1 次。

二、把握催产的药效应

亲鳝通过一段时间的培育，6 月底至 7 月初，其性腺已趋成熟，这时可进行人工催产。

催产剂一般选用促黄体生成释放激素类似物（LRH-A）或绒毛膜促性腺激素（HCG），其用量视黄鳝的大小而定。一般体重为 75 克的雌鳝与体重 200 克的雄鳝，注射 LRH-A 分别为 10 微克或 20～25 微克；如果注射 HCG，每克体重按 2 个单位计算。催产注射部位以腹腔为好。

操作时，先将亲鳝用消过毒的湿毛巾包好，使亲鳝腹部朝上，再将注射部位用酒精棉球擦拭一下。进针时，其针与亲鳝前腹呈 45°，针深不得超过 0.5 厘米。

由于雌、雄亲鳝在注射催产剂后的药效应时间各不相同，注射催产剂时，应对雄鳝提前 24 小时注射，以达到雌、雄两者的药效应时间基本同步。

三、人工授精的操作方法

催产后的亲鳝放置于专用的亲鳝池*内暂养，水深保持 25 厘米左右，水

---

　* 专用的亲鳝池：专用的亲鳝池一般在室内用水泥做成。面积在 1～3 米²，高 80 厘米。专用的亲鳝池用水泥和砖做成后，一定要脱碱后方可使用。

温保持在 25～28℃。雌鳝催产 40 小时，即雄鳝催产 64 小时之后，开始对雌鳝进行检查，每 2～3 小时检查 1 次。检查时，用手摸雌鳝的腹部，若雌鳝腹部有卵粒游离之感，即可挤卵受精。

为了做到受精操作迅速，人工为黄鳝授精时，要备好瓷盆、毛巾、小刀、剪刀、生理盐水、任氏溶液和长柄羽毛等工具，并对所有工具进行加热消毒。

挤卵取精时，最好两人同时操作。一人将雌鳝用湿毛巾裹住，使其腹部外露，用拇指由前向后压挤雌鳝腹部 3～5 次，将雌鳝卵全部挤出，置于盆中。与此同时，另一人将精子成熟的雄鳝剖腹取出精巢，剪成碎片，放入生理盐水中备用或直接剪碎放入盛卵的盆中，迅速用长柄羽毛充分搅拌后，加入任氏溶液 200 毫升，静放 5 分钟，加水洗去碎片和血污，然后放入孵化器或孵化池中孵化。

为了提高人工授精卵的孵化率，两人合作时，最好每次取一组亲鳝进行操作受精，即雌鳝 3 条、雄鳝 1～2 条。一次操作完成后，再进行下一次操作。

四、利用孵化缸孵化鳝卵

1. 孵化缸的结构 常见的孵化缸，按其制作材料来分有三种：即镀锌铁皮孵化缸、塑料孵化缸和陶土孵化缸。

（1）镀锌铁皮孵化缸 基本结构为缸体、排水槽、支架和进水管等（图 1-6）。

①缸体：由镀锌铁皮做成，大小可根据需要设计制作。一般高为 1 米；缸上部直径为 90 厘米，下部直径为 75 厘米，形成上大下小的近似圆锥体结构；在与进水管相连处，用铁皮做成倒圆锥形。

②排水槽：主要由镀锌铁皮、铅丝和筛绢组成。用镀锌铁皮制成圆环形的水槽，8 号镀锌铅丝为水槽上缘的加强筋；用筛绢做成上口直径 70 厘米、下口直径 90 厘米、高 10 厘米的网罩，与 8 号镀锌铅丝制成的网罩架，用锡焊制成排水槽内环。筛绢由 60 目尼龙丝筛绢或 50 目铜丝绢制成。

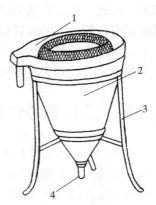

图 1-6 孵化缸
1. 排水槽 2. 缸体
3. 支架 4. 进水管

③支架：由镀锌铁管或黑铁管与扁钢组成，尺寸与缸体相配。

④进水管：一端与缸体相连，另一端或直接与闸阀相接，或经橡胶管再与闸阀相通。进水管管径 15 毫米（图 1-6）。

孵化缸的设计总高度不宜超过 1.4 米。因为孵化缸太高，不仅不便于操作，而且有可能因缸体太深，当水压不足时，由于水的冲力不够而致使鳝卵下沉，导致死卵。

（2）塑料孵化缸　除用材与铁皮孵化缸不同外，其他结构、形式、外形尺寸等大致一样。

（3）陶土孵化缸　即常见的由陶土烧制而成的陶缸，是以水缸的陶器改制而成。一般选用水缸形状，尺寸与铁皮孵化缸相仿，但须在缸底开一孔，并将缸底用水泥改制成圆锥形。

2. 孵化缸孵化鳝卵的管理技术　孵化缸由缸底部进水，水流由下向上垂直移动，从顶部筛绢溢出，经排水槽上的排水管排出。

水的流速，由散落在水中鳝卵的浮沉状况来决定。只要能看到鳝卵在缸中心由下向上翻起，到接近水表层时逐渐向四周散开后逐渐下沉，就表明流速适当。如鳝卵未及表层就下沉，表示水流速度太缓；反之，若水表层中心波浪踊跃，鳝卵急速翻滚，表示水流速度太快。刚孵出的鳝苗对水的流速要求与鳝卵相同，待鳝苗能平水游动时，流速要逐渐减慢，直至断流。

鳝卵脱膜时，大量卵膜在相对集中的时间内漂起涌向筛绢，造成流水溢出困难，对此，应用长柄毛刷在筛绢外缘轻轻刷动或用手轻推筛绢附近的水，以便使黏附在筛绢上的卵膜脱离筛孔，使水流保持畅通。

一个普通的孵化缸，一次可放受精卵 20 万粒进行孵化。在水温 25～29℃的条件下，大约 6 天左右可使仔鳝出膜。

五、受精卵的仿自然孵化法

常见的人工孵化受精卵，是在孵化缸和孵化瓶内进行的。它是通过水流从容器底部进入，上部溢出，使受精卵始终被微流托起悬浮其间，以保证水体中充足的氧气，达到孵化的目的。这种方法需要苛刻的设备和严格的技术，且孵化率较低，不适宜个体养鳝者采用。

这里介绍一种黄鳝受精卵的仿自然孵化法，简便易行，孵化率达 90% 以上，而且不需要专门的设备，只需要利用浅水有土层养鳝的网箱或水泥池就可以了。

在确定孵化用的浅水有土层网箱内或水泥池内，设置 1 米² 面积的纱布平台，没入水中 10 厘米。采集自然水生绒毛青苔（丝状藻类植物）1～3 千克，均匀置于纱布平台上。然后，对孵化网箱或水泥池用 25 毫克/升的生石灰，化稀浆趁热全箱或全池泼洒一遍，2～3 天后，将受精卵置于纱布平台上的绒毛青苔上进行孵化。

孵化期间，若阳光强烈，可在孵化网箱上或水泥池上布施遮阳网；若遇暴风骤雨，可短时用雨伞等雨盖遮挡一下纱布平台。孵化时，要设法让箱内水体或水泥池内的水体缓缓流动。如果没有这一条件，可用一只水桶，在其底部钻一小孔，注满清洁水，架立于纱布平台边的上面，让桶里的水，不时地下滴。在水温适宜的情况下（24～29℃），1～2 周即可出苗。

照此方法不仅可以孵化黄鳝人工授精卵，而且孵化从野外采集的泡沫巢受精卵，效果极佳。

六、受精卵的胚胎发育过程

（1）黄鳝的卵直径较常规四大家鱼和泥鳅等淡水鱼要大得多，卵黄也多，其胚胎发育的时间也较长。仔鳝出膜时个体大，对环境的忍受能力也强。

（2）仔鳝出膜后，放入清洁活水中，不投食也能存活 2 个月之久。

（3）同一尾鳝所产的同一批卵，在同等条件下受精，同等条件下孵化，仔鳝出膜的时间相差很大，有时迟早相距 48 小时以上。

（4）胸鳍在胚胎期形成时，不断煽动，出膜后逐渐退化消失。这一现象，与一般淡水鱼类相反。这说明，黄鳝的祖先是有胸鳍的，只是在后来的进化过程中逐渐退化。

（5）出膜的仔苗体长与卵粒的大小成正比。

（6）黄鳝受精卵一般卵径在 3.4～4.0 毫米，卵黄均匀，卵膜无色，半透明。卵子受精 12～20 分钟后，吸足水分，膨胀成圆球形，弹性加大；受精后约 1 小时，可见到明显的胚盘；卵子受精后约 120 分钟，发生第 1 次卵裂，在胚盘处形成 2 个分裂球；受精约 180 分钟，发生第 2 次卵裂，与第 1 次裂面垂直，将胚盘分裂成 4 个分裂球，大小相等；受精约 240 分钟，发生第 3 次卵裂，与第 1 次分裂面平行，形成 8 个大小相等的细胞；受精后约 300 分钟，发生第 4 次分裂，与第 1 次分裂面垂直，形成 16 个细胞。此后继续进行分裂，经多细胞期后，于受精后 12 小时左右，发育到囊胚期。从第 6 次分裂起，细胞（分裂球）越来越小，且由单层变为多层，堆集于卵黄之上，中间形成一囊腔，即为囊胚。囊胚逐渐下包，将卵黄包埋起来，形成原肠胚，原肠胚的形成，约在受精后 18 小时左右；受精 21 小时之后，胚盾出现；受精 35 小时左右，神经胚形成；44 小时后，发育到大卵黄栓时期；48 小时后，进入小卵黄栓时期；60 小时左右，胚孔闭合；77 小时左右，尾端弯曲向头部；95 小时之后，尾端向后伸展，长度增加，体节数目增多，并出现一系列器官；330 小时之后（水温在 22℃时），仔鳝破膜而出（图 1-7）。

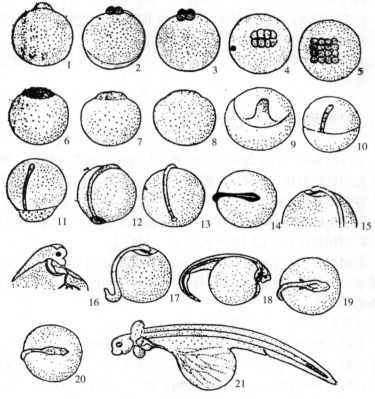

图 1-7 黄鳝的胚胎发育

1. 胚盘形成 2. 2 个细胞期 3. 4 个细胞期 4. 8 个细胞期 5. 16 个细胞期 6. 32 个细胞期
7. 囊胚期 8. 原肠早期 9. 胚盾出现期 10. 神经胚 11. 大卵黄栓期 12. 小卵黄栓期
13. 胚孔封闭期 14. 神经沟形成期 15. 心脏形成期 16. S 形心脏期
17. 尾芽开始形成期 18. 尾芽继续后伸期 19. 菱形的脑室形成期
20. 视泡形成期 21. 胚胎出膜初期

七、鳝卵在孵化过程中应注意的几个问题

黄鳝受精卵的孵化率受多种环境因素的影响，其中，主要是水温、温差、水质、溶氧和敌害生物的影响。

1. 水温 黄鳝的胚胎发育与水温的关系甚为密切。水温过高或过低，都会引起孵化率下降或导致胚胎畸形。实践表明，黄鳝胚胎发育的适宜水温为21～30℃，最佳水温为24～28℃。此外，黄鳝胚胎发育时间的长短也直接受水温的影响。水温30℃左右时，胚胎发育需要6天左右；水温在25℃左右时，胚胎发育需9～11天。水温越低，胚胎发育的时间越长；水温越高，胚胎的发育时间越短。

2. 温差 黄鳝受精卵在孵化过程中，要始终保持孵化缸或孵化池内的水温基本稳定。鳝卵孵化的水体在短时间内的温差不得越过±3℃。为了提高孵化率，最好短时间内的水温差距不超过±1℃。除此之外，鳝卵孵化水体的昼夜温差最高不能超过8℃，最好不要超过±3℃。

温差是黄鳝受精卵的"隐形杀手"，在黄鳝胚胎的全发育过程中，要特别警惕温差对鳝卵的危害。

3. 水质 清新的水质对提高孵化率的作用非常大。任何农药污染、工业污染和酸碱度偏高或偏低的水体，都不能用于孵化。鳝卵孵化水体的pH，应保证在7左右。

4. 溶氧 黄鳝的胚胎不能利用空气中的氧气，只能利用血管等组织，渗透性吸收水中的氧，水中溶氧过低会引起发育迟缓、停滞，甚至会致使受精卵窒息死亡。试验表明，在24℃的水温条件下，每1000粒鳝卵每小时的耗氧量为：①细胞分裂期1.29毫克；②囊胚期为1.46毫克；③原肠期为1.53毫克。这一耗氧标准，比常规四大家鱼胚胎发育的耗氧量要高出许多。因此，在鳝卵孵化过程中，孵化用水的含氧量应接近或达到水溶氧的饱和度。

5. 敌害生物 在人工孵化条件下，引用孵化水时，要安装过滤设备，以防止敌害生物带入池内和孵化缸内；在仿自然孵化条件下，要防止蝌蚪、小鱼、小虾和小泥鳅以及剑水蚤对鳝卵或仔鳝的危害，特别是剑水蚤对鳝卵和仔鳝的威胁最大，它能用附肢刺破卵膜或咬伤仔鳝，进而吮吸鳝卵或鳝苗的营养。凡遭受剑水蚤损伤的鳝卵或鳝苗，都会死亡。对于剑水蚤，可采用下列方法进行防控：①在引用水水体中，提早施用杀虫药进行消灭；②在抽取引用水时，安装过滤网；③在仿自然孵化池内，先灭虫、灭蚤，后投放鳝卵进行孵

化；④经常用 50 倍的放大镜检查水体中的微生物指数，发现问题，及时处理。

 **资料**　　**什么时候将仔鳝转入**
鳝苗培育池？

　　初生的仔鳝孵出后，仍然靠卵黄囊维持生命。待其体长达到 28 毫米时，卵囊完全消失，胸鳍及背部、尾部的鳍膜也消失，色素细胞布满头部，使鳝体呈黑褐色。此时的仔鳝能在水中快速游动并开始摄食水丝蚯蚓。

　　由此可知，将仔鳝转入鳝苗池中培育，要待仔鳝能在水中快速游动时进行。

第四节　黄鳝的仿自然繁育模式

一、繁育基地的选择与建设

　　仿自然繁育鳝苗，是目前乃至今后几十年中解决鳝苗紧缺的最佳途径。它是借用网箱培育亲鳝，并让亲鳝在网箱内自然产卵，自然受精，自然孵化。仔鳝出膜后，让其自由从网箱的网眼中钻出，然后收箱，就池培育鳝苗。

　　根据仿自然繁育鳝苗的特定套路，繁育鳝苗的基地一般建设在"高中之低"或"低中之高"的水稻田中。这种用作繁育鳝苗的水稻田，要求保水性能好，进排水方便，日照充足和周边环境安静。

　　繁育基地选择好后，应对用作基地的田块按标准进行改造和建设。具体工作如下：

　　1. 整形　所谓整形，就是利用冬闲时节，将正方形的水田改为长方形；将较宽的长方形田块整改为较窄的长方形田块。整改后的田块其长度不限，宽度在 10 米左右。对于田块的整形工作，还包括把若干田块整齐布局，以利今后在鳝苗生产过程中实行综合管理。

　　2. 开沟筑埂　这里所说的开沟，是指在鳝苗繁育田内沿四周堤埂开挖 1 条圈宽 2 米、深 0.5 米的围沟。开挖围沟的土方，就堆放在池子（田块）四周的堤埂上，使堤埂高出池内常规管水水平面 1 米以上，埂面宽 0.9 米左右。注意：开挖的围沟，应距埂脚 70～100 厘米。

3. 布设防敌害围网 鳝苗培育池四周的堤埂筑好后，应在堤埂上用密织网片布设一圈防敌害网（翌年可作为鳝苗防逃网）。围网与埂面垂直，且垂直高度在 1 米以上，埋入地下深度 20 厘米左右。

4. 注水灭害 防敌害围网布设好后，应给池子注水 30～35 厘米（池子中央平滩上的水位）。注水后，要认真检查堤埂的保水性能，发现渗水或漏水，要一丝不苟地修筑完善。待堤埂完全不渗漏时，每立方米水体用黄粉 5～15克，化水全池泼洒一遍，以彻底消灭池内的泥鳅、黄鳝、寄生虫、害虿、行山虎、牛蛙、青蛙、蟾蜍和淡水小龙虾，以及蛇、鼠等敌害生物。施药后的第5～15天内，每夜都要借矿灯照明，在埂上反复巡查，发现未毒死的蛇、蛙、鼠和蟾蜍等敌害物，应毫不留情地猎取干净。

5. 换水整田 黄粉施入池中约 15 天之后，应彻底排水，露晒池子 1 周后，再复水 10～15 厘米，用水牛将池底翻耕一遍，耕后不耙，保水 20 厘米，待春暖花开时备用。注意：在向池内注水时，要使用过滤设施，以防敌害生物带入池中。

6. 培植凤叶萍 翌年惊蛰至谷雨期间，应将大量的凤叶萍（水葫芦）或水慈姑引植于池内。引植于池内的凤叶萍，就置于池子中央的平滩上。引植量为每平方米 10～20 株。待凤叶萍种苗投齐后，每立方米水体用 3 克敌百虫（90％晶体敌百虫）化水全池泼洒一遍，以消灭凤叶萍根蔸上携带的幼鳝、幼鳅、害虿和寄生虫，并杀灭有可能带入池中的淡水小龙虾。

7. 放养水丝蚯蚓 池内施用敌百虫 10～20 天后，应在自然界废水沟塘中，采集水丝蚯蚓投放于池内（用 60 目网片做成撮子，抄废水沟塘中的污泥。抄起含有水丝蚯蚓的污泥或肥泥之后，放在清水沟渠中透洗，洗尽污泥，便得到水丝蚯蚓）。每平方米平滩投放 20～25 克即可。如果水丝蚯蚓的来源丰富，可大量向池内投放。

8. 施肥 水丝蚯蚓投放前后，可按 1 000 米² 面积施尿素 10 千克，过磷酸钙 25 千克，草木灰 50 千克。如果有腐熟的农家肥，每 1 000 米² 面积可另施5 000 千克左右。施肥的目的，主要是培育大量的水丝蚯蚓和培植凤叶萍。

二、网箱的选购与设置

用作培育亲鳝和繁育鳝苗的网箱，比常规养殖成鳝的网箱要小一些。一般每口箱的面积在 3～5 米²。网箱高 1.5 米、宽 1～2 米、长 2～3 米。如果过去养殖成鳝的网箱面积在 10 米² 以下，也可以利用。

培育亲鳝和繁育鳝苗的网箱，就套置在繁育池中的圈沟内，横、直排列都行（一般小网箱横向排列，大网箱直向排列）。箱与箱之间的距离为 0.8～1 米。网箱底部可贴近围沟底部，也可以悬在沟水之中（没入水中 30～40 厘米）。贴近池底还是悬在水中，应根据网箱的高低来灵活决定。

网箱套置好后，应在箱内培植出满满的、厚厚的水花生浮排，以利亲鳝栖息、筑巢（吐泡沫巢）、产卵和孵化仔鳝。

在网箱内移植水花生时，要求在陆地上或近水坡边上刈割水花生竖生藤蔓进行移植，切勿从外界水域中拖拉水花生排，胡乱甩入箱内筑排，以免敌害生物和病虫害带入池内。

水花生在网箱内的培植时间，一般从 4 月开始，5 月中、下旬结束。也就是说，网箱内的水花生浮排一定要在 5 月底以前形成。

三、亲鳝的投放与培育

5 月中旬至 6 月上旬，是投放亲鳝于网箱中培育的最佳时期。一般 3～4 米^2 的网箱投放亲鳝 7～9 条，即 75 克以下的亲鳝投放 5～6 条，200～250 克的亲鳝投放 2～3 条；5～7 米^2 的网箱投放亲鳝 10～12 条，即 75 克以下的亲鳝投放 7～8 条，200～250 克的亲鳝投放 3～4 条；8～10 米^2 的网箱投放亲鳝 12～14 条，即 75 克以下的亲鳝投放 9～10 条，200～250 克的亲鳝投放 3～4 条。如果网箱充足，亲鳝的投放密度还可以小一些。

亲鳝投放后，要加强饲养管理，每天每条亲鳝的饲料供应不能少于 5 克，也不能多于 8 克。投喂的饲料，最好选择蚯蚓、鱼糊或鱼糊拌熟透的豆饼、小鱼小虾、淡水小龙虾糊拌熟透的豆渣、螺肉、蚌肉、蚬肉和黄粉虫等。6 月 24 日之后，最好不要投喂活饵，以防活饵残害受精卵。

进入 7 月之后，亲鳝的饲养管理是一项十分细致的工作。投食时先观察网箱内的泡沫巢，如果网箱内出现 1～2 个泡沫巢，投食量就应减半；如果网箱内出现 3～4 个泡沫巢，投食量就要减 70%；如果网箱内的泡沫巢全部消失，就应恢复正常的投食。

四、产卵盛期的日常管理

网箱内培育亲鳝，一般不实行人工催产。因此，其产卵盛期与自然界水域中生长的黄鳝的产卵盛期几乎都在 7 月间。7 月间的日常管理，有下列几个重点：

（1）保证培育池外（附近）的环境安静。

（2）严禁入池进行任何操作。

（3）保持池水基本稳定（不涨不落）。

（4）把水温调控在 24～28℃。如果白天的水温太低，可适当降低水位 5～8厘米；如果水温太高，可在池内空白水面处放养些紫背萍。

（5）遇暴雨天气时，在泡沫巢上轻轻盖上一顶斗笠，暴雨过后，轻轻揭去斗笠。盖斗笠或揭斗笠，都要用长柄铁叉站在堤埂上轻轻操作。同时，暴雨陡降时，要及时排水，保持池水基本稳定。

（6）如果池内水温超过 30℃，又无法下降，可在 10：00～16：40，在网箱上空布设遮阳网。

五、收捕亲鳝前、后的管理方法

1. 网箱内仔鳝饲料的投喂方法 网箱内第一个泡沫巢出现后 18 天左右，就可以开始向网箱中少量给仔鳝投喂饲料了。初投饲料时，取少量的熟蛋黄或蚌肉内的黄色物质（熟制或开水烫制），捏细，放入一瓢水中，向网箱内泼成一条线。日投食 2～3 次，每次投量少许。投食的时间最好定在 9：30、18：30和23：00 左右。采用此法饲养 15～20 天后，就可以收捕亲鳝了。

2. 亲鳝的收捕方法 8 月期间，当亲鳝泡沫巢全部消失 7～10 天时，便可以收捕亲鳝了。收捕亲鳝时，先将网箱内的水花生一把一把地拉出网箱（拉出的水花生就堆放在网箱外边，待网箱收起后，再将堆积的水花生均匀撒入围沟内），然后将网箱收起，捕获亲鳝。收捕亲鳝的工作不能太迟，否则，会造成一部分未钻出网箱的仔鳝被亲鳝残杀（吃掉）。

3. 幼鳝在苗床的培育方法 通常，我们把鳝苗繁育池中央长满水葫芦的平滩，称之为幼鳝的苗床。亲鳝收捕后，绝大多数幼鳝都会自行进入苗床。幼鳝在苗床培育工作的重点是：

（1）加强饲养管理 幼鳝转入苗床培育后，首先应对鳝苗的数量进行评估。评估的方法有三种：一是按照亲鳝培育网箱来计算，在正常情况下，每口网箱可繁育鳝苗1 200～3 000尾；二是按泡沫巢计算，正常情况下，每个泡沫巢可繁育鳝苗 300～600 尾；三是在 18：30 时，取 1 米^2 面积的水葫芦，快速而轻巧地扯起，放入大盆中，抖出水葫芦根蔸上的幼鳝进行计算。一般有43%左右的幼鳝，会寄生于水葫芦的根蔸上。计算公式是：1米²寄生根蔸的幼鳝数×培育池总面积（米²）÷0.43＝全池总鳝苗数（尾）。

经验告诉我们，在1 000米²的繁育池中，套亲鳝培育网箱60口，可产鳝苗10万尾左右。

鳝苗的数量基本确定后，根据鳝苗数量的多少来决定投食量。一般1万尾幼鳝日投食量为1～1.5千克，分2次投喂，即9：30和18：30。投食方法是：将饲料加入比食料重3～5倍的清洁水，泼洒于苗床上，投食时力求均匀。如果苗床上的水葫芦太密，不利于泼洒饲料，可用竹竿或草绳拦开水葫芦，使之拦出若干条线状的空白水面带（每隔1.5～2米拦出一线），幼鳝饲料就均匀泼洒于线状的空白水面带上。

在苗床上投喂的食物，最好选择水丝蚯蚓、开水烫制后的蚌内黄色物质、绞肉机绞成糊状的蚌肉，以及新鲜的鱼糊、炸制菜籽饼粕和熟透的豆渣等。

（2）定期做好消毒工作　从亲鳝收捕之日开始，定期15天，每立方米水体用0.3克二氧化氯，全池泼洒一遍。

一般来说，幼鳝在苗床培育期间，只要保持食物清洁卫生，严防生蚌肉、生螺肉和生蚬肉内的寄生虫虫卵带入池内，池内是不必要施用灭虫药物的。

4. 严格调控水温和水位　幼鳝在苗床培育时，要始终把水温控制在32℃以下。如果8月期间水温太高，可增加水葫芦或紫背萍的放养密度。高温期过后，要适当捞起一部分水葫芦和紫背萍；幼鳝在苗床培育时的管水深度，从原则上讲是10厘米（平滩上的深度，不包括也不考虑围沟的管水深度）。如天气炎热，水温居高不下时，可适当提升池水5～8厘米。

在早秋时节，苗床上的水生植物常出现青螟和斜纹夜盗蛾的危害，对此，可用3 000倍的敌杀死溶液或2 000倍的敌百虫稀释液喷雾。施药时，可短期提升水位10～15厘米，也可短期内彻底排干池水，喷药4～5天后，再复水位于正常。

六、入蛰与出蛰前、后的工作要点

1. 幼鳝入蛰前的工作要点

（1）幼鳝入蛰前（即10月上旬），先用25毫克/升的生石灰化稀浆趁热全池泼洒一遍。消毒3天后，缓缓排干池水。

（2）幼鳝冬眠期，要保持池底基本湿润。如果冬天特别干旱，还必须向池内灌 1～2 次 "跑马水" *。如果整个冬季时有小雨出现，也可以不灌 "跑马水"。

（3）冰冻期间，如果池内的水生植物比较茂密，即使是死亡，也可以不加盖防寒物；如果池内平滩上的水生出水植物较稀，在严寒到来之前，可薄薄地盖上一层稻草防寒，一旦大地解冻，就应及时揭去防寒物。

（4）严格防控黄鼠狼和田鼠窜入池内危害鳝苗。

2. 幼鳝出蛰前后的工作要点

（1）幼鳝出蛰前，应对防敌害围网进行认真检查，发现漏洞和损坏部位，要及时修补。

（2）在幼鳝出蛰复水前，每 1 000 米² 面积（苗床）施用腐熟的农家肥 2 500 千克（以腐熟牛粪最佳）。

（3）惊蛰至春分时节复水。初复水时，注水 5～10 厘米，让其自然落干后，再注水 5～10 厘米，亦让其自然落干，然后正式复水 10～15 厘米，此后长期按 10～15 厘米管水。

（4）如果池内的水葫芦在翌年春季复活数量少，就必须改植水花生。改植水花生时，对尚存活的水葫芦不要清除，就让其间生于水花生中。改植水花生时，最好选用陆生或近水坡边生长的水花生藤蔓，切勿在外界水域中拖拉水花生 "烂排" 或 "烂块" 引植，以免病虫害带入鳝苗培育池中。

（5）由于上一年收捕亲鳝时，堆在围沟中的水花生会继续繁育生长，因此，围沟内最好不要移植其他任何植物，以防池内水生植物疯长。

七、鳝苗生长飞跃期的管理

通常，我们把鳝苗出蛰之日至 6 月 20 日这段时间，称之为鳝苗生长飞跃期。也有人把鳝苗培育的翌年，称之为鳝苗生长飞跃年。加强鳝苗飞跃期的日常管理，保证鳝苗充足的饵料供给，是提高鳝苗产量的关键。鳝苗生长飞跃期的主要工作如下：

1. 保证充足的饵料供给　鳝苗生长飞跃期，摄食特别旺盛，特别是 5～6 月，其日摄食量占鳝苗体重的 8%～10%。因此，在这一时期，首先应保证鳝苗充足的饵料供给；其次，要增强鳝苗饲料的营养性和增加鳝苗饲料的多样

＊ "跑马水"：长江中下游地区的俗语，意思是说，向池内注入基本没土的水层后，马上将水排干。

性。此外，在投喂饲料时，每20天考虑1次鳝苗增长的重量。具体投食量见表1-1。

表1-1 黄鳝生长飞跃年投喂饲料量参考（千克/万尾）

	4月	5月	6月	7月	8月	9月	10月	11月	12月至翌年3月
上旬	1	2	3~5	5~10	6~10	7~11	4	0	0
中旬	1	2	4~8	6~11	6~10	8~12	0	0	0
下旬	1.5	3	5~10	6~10	6~10	6~10	0	0	0
恶劣天气	不投食	减半投食	照投食	照投食	照投食	减半投食	不投食		

2. 严防寄生虫带入池内 为了确保鳝苗繁育池中无寄生虫危害，使之全年不使用灭虫药物，在鳝苗培育过程中，应注意以下几点：

（1）给池内改植水花生时，坚持刈割陆地上的水花生藤蔓移植。

（2）夏季高温时，如果需要在池内放养紫背萍调温，可在引萍的水域中，提前1周，按每立方米水体施用90%的晶体敌百虫1.6克1次，也可以用2 000倍的氯氰菊脂喷大雾灭虫1次。杀虫药物施用1周后，再引萍放养于池内。

（3）在投喂蚌肉、螺肉和蚬肉等腥饲料时，要坚持采用开水烫制方法灭虫和灭卵。

（4）6月20日之后，每立方米水体放养淡水小龙虾幼苗10~20尾，利用淡水小龙虾的食性，防控鳝苗寄生虫（不可放养大螯形成的淡水小龙虾）。

（5）进入7月之后，将若干丝瓜络泡入猪血中10~30分钟后，放入池水中，借此检测池内的锥体虫指数。血泡的丝瓜络没入水中约2小时之后提起，看其上有无锥体虫，如有，可用0.5~0.7毫克/升的90%晶体敌百虫，化水全池泼洒1次。

3. 定期做好灭菌消毒工作 从5月20日开始，每15天给鳝苗池消毒灭菌1次。消毒灭菌时，每立方米水体用25克生石灰，化稀浆趋热全池泼洒。也可以选用二氧化氯，用量为每立方米水体0.3~0.4克。

4. 定期露晒苗床 从7月1日开始，如果鳝苗培育池内的水生出水植物生长特别茂盛，每20天需要露晒苗床1次。露晒苗床时，只需排干平滩之水，不要将围沟的水全部排干。露晒苗床一般1~2个昼夜；如果苗床上的水生植物较稀，可定期15天1次，在傍晚时排干苗床之水，露上一夜，翌日凌晨复水于正常。露晒苗床时，不要向围沟内投喂饲料。

5. 注重使用光合菌　为了确保鳝苗全培育期无大疫，除认真做好定期消毒工作和定期露晒苗床工作之外，还很有必要在池内使用光合菌水剂（多福可乐）。在苗床上使用光合菌有两种做法：①8～9月，在每一次的消毒用药后的第4天，每立方米水体泼洒多福可乐3～5克；②经常拌食投喂鳝苗，用量为每100千克鳝苗饲料，兑光合菌水剂1千克左右。

　资料　　　　　紫　背　萍

　　植物名：浮萍。

　　别名：紫背萍。

　　形态特征：浮生于水面的草本植物。根线状，数条向下生于水中。茎扁平；叶片圆形或卵圆形，常2～4片聚生，表面绿色，有光泽，叶背面紫色或紫红色。夏日开白色或淡绿色小花（图1-8）。

　　作用：在盛夏高温季节，放养于鳝池中，可起到遮阴调温、净化水质的作用。此外，紫背萍对黄鳝细菌性皮肤病、疖疮症和军团症均有辅助治疗的作用。它与任何中草药都可配伍使用，主要功能是消炎、解毒、止痒。

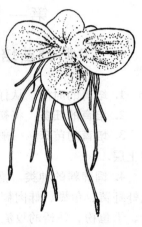

图1-8　浮　萍

第 二 章
鳝苗的培育模式

第一节　0龄鳝苗的培育模式

一、0龄鳝苗培育的基本概念

1. 培育的时间　从仔鳝孵出至当年进入冬眠。

2. 培育的任务　将初生的仔鳝培育成5克左右的稚鳝。

3. 培育的苗床　一般选用水泥池培育，水泥池内底部要求有10～15厘米的土层。

4. 饲养料的种类　熟蛋黄、烫制的蚌肉内黄色物质、水丝蚯蚓、淡水小龙虾虾黄、鱼糊、蚌肉糊、蚬肉糊、红蚯蚓、小米虾或米虾糊、淡水小龙虾干粉、干鱼粉、熟透的豆渣和豆饼、炸制的菜籽饼和芝麻饼等。

5. 鳝苗生长的标准　经15～20天的饲养后，体长应达到3厘米左右；经1个月的饲养后，体长应达到5.2厘米左右；饲养至10月中旬时，体长应达到15～20厘米。

6. 适宜水温　鳝苗培育的适宜水温是18～32℃；最适宜水温是22～30℃，不宜投食饲养的水温是14～17℃；鳝苗不摄食水温是13℃以下；鳝苗进入冬眠状态的温度是5℃以下。

二、0龄鳝苗培育的技术要点

0龄鳝苗大都选用水泥池进行培育。培育的技术要点如下：

1. 移植水生植物　利用水泥池培育0龄鳝苗时，一般病害较多，技术要求严格。因此，在培育之前，首先应做好池中环境的改良工作。具体的做法是：在有土层（10～15 厘米厚）的水泥池中央，移植水花生和水葫芦等水生出水植物，移植面积占全池面积的 2/3，其余四周 1/3 的面积放养紫背萍。

2. 把握放养密度　水泥池中培育鳝苗的密度一般都很大，每平方米面积常规投放量为 500～1 000 尾。密度越小，鳝苗生长越快；密度越大，鳝苗的发病率就越高，增重率也就越低。

3. 合理管水　0 龄鳝苗在培育过程中，一般管水 20 厘米左右。如果天气炎热，可酌情提升水位至 30 厘米；如果池内水生出水植物生长尚未形成厚厚的浮排，可酌情降低水位至 10 厘米左右。此外，水泥培育池内，要经常换水。如果水温在 25～31℃时，每 1～2 天就要更换池水 1 次；如果水温在 24℃以下，每 3～4 天就要酌情考虑换水 1 次。

4. 遮阴措施　在 0 龄鳝苗培育期间，如果水温超过 30℃，应在池内多增加些紫背萍；如果水温达到了 32℃，则应在池子上空布设遮阳网降温。遮阳网最好在晴天的 10：00 左右架设，17：00 收起。阴雨天不要在池子上空布网。当天气转凉、水温下降至 30℃以下时，应停止使用遮阳网降温。

5. 防逃　水泥培育池是防逃设备较好的一种鳝池。但是，在排水时，需要安装好防逃筛。

6. 饲养管理　水泥培育池在给鳝苗喂食时，一般沿池子四周投放，日投食量为鳝苗体重的 8%～10%。因鳝苗较小，不便计算其体重的总量，故在投喂饲料时，大都按万尾计算。在培育前期（仔鳝孵出后的第一个 20 天），每万尾日投食量为 1～1.5 千克，分早、中、晚 3 次投喂。投喂的食物可选择熟蛋黄、烫制的蚌肉内黄色物质、淡水小龙虾虾黄、鱼糊、鱼粉、蚌肉糊和蚬肉糊等；培育中期（仔鳝孵出后的第二个 20 天），每万尾日投食量为 2～3 千克，分早、晚 2 次投喂。投喂的食物可选择水丝蚯蚓、鱼糊、蚌肉糊、蚬肉糊、熟豆渣、熟豆饼、熟芝麻饼和干鱼粉等；培育后期（仔鳝孵出后的第三个 20 天），每万尾日投食量为 3～4 千克，19：00 左右一次性投放。投喂的食物可选用水丝蚯蚓、红蚯蚓、蝇蛆、熟饼粕、淡水小龙虾糊和鱼糊等，也可以投喂"统一黄鳝专用饲料"（细小颗粒的黄鳝专用饲料）；入蛰前期，2 天投喂 1 次，每次投喂量为 2.5 千克/万尾。投食时间最好定在 18：00 左右。

7. 清残　因刮风、下雨，池子附近的机械震动和敌害生物窜入池内，鳝苗培育池中常有残食出现。对此，可用纱布络子或密织网片做成的络子进行清除。

8. 定期灭虫与消毒 在水泥池中培育鳝苗时，要特别做好定期消毒工作，消毒周期为 20 天，消毒时，每立方米水体用 0.3 克二氧化氯全池泼洒 1 次；有些管理不够严格的水泥培育池，也很有可能发生寄生虫危害。对此，可采用每月灭虫 1 次的方法进行预防。灭虫时，每立方米水体用 90% 的晶体敌百虫 0.65～0.7 克，全池泼洒 1 次。

9. 疾病治控 水泥鳝苗培育池，其发病率是很高的，因此，在培育鳝苗的过程中，要经常检查鳝病，发现问题，参照本书后文中的治病方案及时进行治疗，力争把鳝病消灭在萌发状态。

10. 蛰期管理 在水泥池中培育的鳝苗，一般选用无水越冬法，即 11 月上旬缓缓排干池水，让鳝苗入蛰。当气温下降至 5℃ 以下时，在池内盖上一层厚 5～10 厘米的新鲜（干净）稻草，以防发生冻害。在冰冻期间，要保证池底无雪化水和雨水渍积，以防池底结冰造成鳝苗窒息死亡。此外，鳝苗冬眠期间，如果特别干旱，还应向池内喷施少量的清洁水，以保证池底基本湿润。

值得注意的是，鳝苗在水泥池中冬眠时，常有老鼠和黄鼠狼窜入池内危害，对此，应想方设法进行剿灭。

三、水泥鳝苗培育池的建造

1. 场地的选择 培育 0 龄鳝苗的水泥池，应选择通风、向阳、地势较低且进排水方便的安静地带建造。选择场地时，应考虑下列 4 种因素：①池子应建在无树荫遮蔽、无墙壁挡风的地方；②建池的地方，既要水源丰富，又要无工业污染和化学农药污染；③场地应选择低中之高或高中之低处；④建池的地方要求环境好、安静，无人畜嘈杂和无机械噪声。

2. 池基的挖掘 场地选择好后，根据不同的地理条件、不同的整体规划，可设计建造长方形、正方形等形状的培育池。每个池子的面积小可以在 10 米² 左右，大可为 20～30 米² 不等。

一般一次建池，多个池子联合建造，这样既可以节省开支，又可为今后养殖成鳝时，打下分池喂养和分池管理的基础。

在挖掘池基时，要注意一点：即池底应低于地表 1 米以下、1.5 米以上。

这样可使日后在培育鳝苗或养殖成鳝时，保持池底泥层的温度基本平衡。也就是说，池子深一点，能保持池内较稳定的温差，并有利鳝苗夏季高温时节的正常培育和安全越冬。

3. 池子的建造　水泥鳝苗培育池在建造时，一般用水泥砂浆做墙，墙高1～1.3米。池子砌好后，要将内墙粉光，并用水泥砂浆筑好"地平"，"地平"的四周要一丝不苟地施工，以防建好的池子漏水。

在水泥池子的建造过程中，要留好2孔，即进水孔和排水孔。进水孔设在墙高0.8米处；排水孔设在墙高0.1米处。孔的大小可根据池子的大小灵活决定。在开设进水孔时，应在其内用密铁筛做好防逃网（或用作滤水网）。有些繁育鳝苗者在建造水泥鳝苗培育池时，不开设进水孔，这样做是不够科学的。因为开设进水孔后，在特殊情况下，池水涨至0.8米高处，会自然外排。如果没有这个进水孔，有时给池内注水时，因工作人员失守岗位，会致使池内漫水，导致鳝苗外逃；在开设排水孔时，可用一酒瓶从内墙面向外塞入孔内，待水泥半凝固时，轻轻将酒瓶旋转拉出，使出水孔呈酒瓶颈尖状。日后用酒瓶做开关，十分方便。为了防止池外的水位高于池内的水位时，水压压挤出做开关的酒瓶，在排水孔的外端，还需做一个堡。堡长0.4～0.6米、宽0.3～0.5米、高0.3～0.6米。建堡时，在堡内也塞一酒瓶，使酒瓶的颈尖与内孔的酒瓶颈尖相对，待水泥半凝固时，旋转拉出堡内的酒瓶。与此同时，在建堡时，还需将密眼防逃铁筛做于酒瓶尖与酒瓶尖相对的地方（外墙面旁）。如此这样，不仅可以在排水时防逃，而且还不会因池内水位高或池外的水位高而压挤出酒瓶。如果瓶子的楔口漏水，可塞少许稀泥于孔中，再塞入酒瓶，这时你会发现，2个瓶子把池水堵得滴水不漏（图2-1）。

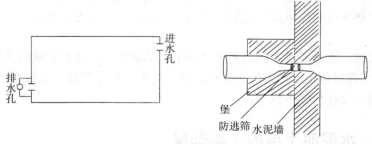

图 2-1　水泥鳝苗培育池的进、排水孔及堡的设置

水泥池建好后，要经常湿水，1周之后，水泥彻底凝固，这时方可进行脱

碱工作。脱碱 5～7 天后，方可进土。

四、新水泥池的脱碱方法

新水泥池直接用于培育鳝苗，12 天之后，鳝苗的嘴唇会乌黑出血，发病 1 周后，全部的鳝苗都会软体死亡。这是什么原因呢？

因为新水泥池的水泥墙面和"地平"，对氧有强烈的吸收作用，当水体中的氧被吸收后，水体的 pH 就会升高，酸碱度高的水体会致使鳝苗产生慢性或亚急性碱中毒症。所以，新建的水泥池必须脱碱后方可使用，脱碱方法如下：

1. 青草沤制法 在新建的水泥池内注水 70 厘米，每 10 米^2 水面放无毒青草约 50 千克，沤制 1 个月后，排水，捞渣和进土。

2. 施磷肥法 先将新水泥池注水 70 厘米，每立方米水体施用过磷酸钙 1 千克，浸泡 5～7 天后，方可进土。

3. 冰醋酸洗刷墙面和"地平"法 用 10% 的冰醋酸洗刷水泥墙面和水泥"地平"，每天 1 次，连刷 3 天，然后注水浸泡 1 周进土。

4. 薯片擦墙法 取马铃薯或甘薯若干，切成大片，在新水泥墙面上和"地平"面上反复擦，擦好后，注水 70 厘米，浸泡 10～15 天方可进土。

上述介绍的几种脱碱方法，最好的是青草沤制法。采用青草沤制法脱碱时，应选择无毒、无浓烈刺激气味的青草。如燕子花、蚕豆苗、鹅儿肠、看麦娘、紫云英和黑麦等。

不管采用哪种方法脱碱，都要用试纸测试水体的 pH，当水体的 pH 稳定在 7 左右时，方可进土，投放鳝苗。如果没有试纸，可在脱碱后的水泥池中，先放养些小鱼或小泥鳅进行试验，观察 7～12 天后，如无不良反应，方可投放鳝苗。

据试验，脱碱后的水泥墙面和"地平"呈微白色；没有脱碱的水泥墙面和"地平"呈青黑色。无碱害的水泥墙面和"地平"有黏滑物；有碱害的水泥池，水清如镜，无任何微生物生存。

五、水泥池土层的土壤选择

用作水泥鳝池土层的土壤，应选择有机质较丰富、团粒结构好、充分熟化

（分化）的黏性土壤。具体地说，选择旱地或菜园地表层土壤比较合适。如果没有这一条件，在选择土壤时，就必须考虑下列问题：

（1）用作水泥鳝苗培育池土层的土壤，既要求有机质较丰富，又不能过于肥沃；既不能采用死黄土，也不能采用沟渠塘堰中的淤泥。

（2）对于含树根多、草根多、瓦砾多的土壤最好不要采用。

（3）房前屋后的土壤、生活垃圾和化学薄膜残毒较多，不宜采用。

（4）采用不太松软的土壤时，最好在冬前挖起，让其充分冬凌或日晒夜露分化 1～2 个月后使用。也可以先在池内铺垫，注水 20 厘米，用青草沤制 1 个月，再进行彻底消毒后使用。

（5）使用草垛旁、牛粪堆的土壤时，需要严格进行灭虫和消毒两大处理之后，方可投放鳝苗。因其土壤过于肥沃，使用 1 年以后，应重新换土或挖起凌化。

六、解决土层板结的最佳方法

水泥池在培育鳝苗时，会出现土层板结现象。严重时，板结得连手指也插不进去。

为了治理水泥池中的土层板结现象，许多培育鳝苗者采用赤脚和稀泥的办法，但 1 个月之后，其土层的板结现象更加严重。也有些培育鳝苗者，采用向池内施渣肥的办法试图改变这种状况。殊不知，有机肥在腐烂的过程中，会产生硫化氢等有害物质，直接危害鳝苗。且渣肥在淤泥中腐烂之后，细菌滋生，导致鳝苗腐皮症大发，久治不能痊愈。

为了解决这一难题，笔者经过几十种试验，找到了一种最佳方法：先将池底的土层灌水（泡水）整稀，然后排干池水晒泥，晒至泥层开裂时，用铁锹或铧锹翻挖一遍。翻挖泥层时，将半干半湿的垡子交错放在池中，不可用脚乱踩。翻挖后，直接注水投苗喂养（培育）。

由于池中半干半湿的垡子不易被水泡散，待池内移植的水生植物扎根其内后，其土层的疏松度就可以长期保持了。

七、水泥池中的土层要基本持平

水泥鳝苗培育池中，一般都要铺垫 10～15 厘米的土层，以给鳝苗提供良好营造洞穴避暑或冬眠的条件。

水泥池中的土层如何铺垫呢？实践证明，在池内铺垫土层时，以土层基本平整为好。所谓基本平整，就是要使土层的厚度基本一致。

有些培育鳝苗者，为了节省用土或者出于黄鳝喜欢栖垱的原因，在池内堆垱培育鳝苗，这是一种很错误的做法。因为鳝苗的抗高温能力较差，它惧怕32℃以上的高温（水温或泥土内的温度）。如果在水泥池中堆垱培育鳝苗，一到盛夏，垱内的有机质就会分解发热，加上大量的幼鳝粪便和黏液在垱内发酵升温，致使垱内的温度有时会超过40℃。当垱内的温度升至38℃时，幼鳝就会出现晕迷症和张嘴不合症。

据观察，有些鳝苗在垱内的温度升至32℃以上时，它会从垱内的洞中爬出来。这一爬，由于池子四周的水温较垱内的温度一般都低4～6℃，故鳝苗又会遭受严重的温差危害。

如果有些水泥池的面积较大，建池的地理环境较好，且投放鳝苗的密度较小，在池中堆垱培育鳝苗，也许会在夏季安然无恙。但到了秋季，因水体中的温度变化大，变化的时间短，而垱内的温度变化小，且变化缓慢，在夜间，鳝苗出洞活动时，往往会因垱内与垱外的温差过大而患"感冒"，此病就是典型的"白露症"，很难彻底治愈。

由此可见，水泥鳝苗培育池在铺垫土层时，最好是将土层基本持平。

八、选择适宜沤制的青草改良土层

据调查，有63％的水泥池都有渗水现象。凡属有渗水或漏水现象的水泥池，解决土层板结现象时，都不能采用"泥垄疏松法"（见"解决土层板结的最佳方法"一文）。对此，唯一的办法是采用青草沤制土层，使土层稀松。这样既可为水泥池补漏，又可为鳝苗解决打洞难问题。

用作改良土层的青草，最好选择无毒、无浓烈芳香气味和无再生能力的一年生或越年生的草本植物。选用时要求植物鲜嫩柔软。

早春时节：最好选用紫云英、黑麦、黄鹌菜、油菜和蚕豆苗等。也可选用燕子花（野兰花苕籽）、看麦娘和鹅儿肠等。

暮春时节：最好选用兰花苕籽、五爪龙、小蓟草、羊蹄草等。也可以选用蚕豆梗。

初夏时节：最好选用蒲公英、野旱菜、小豌和中豌藤、羊蹄草等。也可选用八棱麻等。

有些春季植物和初夏时节的嫩草，虽然无毒、也无浓烈芳香气味和刺激气味，但因其过于污浊，不能用作改良土层。如青蒿、黄蒿和茵陈蒿等；还有些植物，浸泡或沤制时，不易腐烂和分解，也不宜选用。如漂兰叶（土大黄）、玉米叶、包菜叶、湖草和野茭白草等。

资料

1. 蒲公英

植物名：蒲公英。

别名：黄花地丁、婆婆丁和奶汁草。

形态特征：多年生草本植物。高10～20厘米，全株含白色乳汁。地下有1条粗壮的直根，很深，棕黄色，肥厚、肉质。叶丛生于根基，叶片倒卵状披针形至绒状披针形，多贴于地面，有柄，顶裂片三角形，裂片向下弯，边缘有淡紫色斑迹。长5～10厘米。头状花序，顶生，黄色舌状花。几乎常年开花，以2～5月最盛。瘦果暗褐色，有棱及刺状凸起，冠毛羽状，白色，形似降落伞，随风飘扬（图2-2）。

图2-2 蒲公英

生长分布：生于路边、坟地、荒坡、山野、田边等地，各地均有分布。

药用部分：全草。

采收季节：4～10月。

加工贮存：连根挖起，洗净晒干，放置干燥处。因本品极易生霉，需经常翻晒。

作用：①治疗黄鳝肠炎、烂尾、烂皮等病每立方米水体取干品100～150克，兑水小火浓煎，开后约8分钟，取汁摊凉，全池泼洒；②鳝苗培育中、后期，与墨旱莲、地锦草、再生稻草配伍；用于催肥或保健；③与墨旱莲配伍可做成鳝苗饲料添加剂；④防控黄鳝积累性中毒，与羊蹄草同用。

　　2. 羊蹄草

　　植物名：羊蹄草。

　　别名：叶下红、野芥蓝。

　　形态特征：一年生草本植物。高30～70厘米，有白色疏毛。叶基生，琴形分裂，先端犁头形，有不规则锯齿，叶面粉绿色，叶背面红色。花紫红，有长柄，头状花序顶生（图2-3）。

　　生长分布：生于田间、田边、路边及房前屋后。

　　药用部分：全草。

　　采收与贮存：全年可采。多用鲜品。

　　作用：为鳝苗解毒。

图 2-3　羊蹄草

九、水葫芦在鳝苗培育池中生长的蹊跷现象

　　水葫芦，又叫猪耳草、凤叶萍等。它是鳝苗培育池中最适宜移植的一种水生出水植物。但是，水葫芦在鳝苗池中移植后，有两种蹊跷现象：一是在同一池中，第一年生长特别旺盛，第二年生长特别缓慢，第三年逐渐衰亡直至自然灭绝；二是移植于鳝池内正常生长的水葫芦，有时会出现株体全部变白的现象。为了确保鳝苗培育的成功，我们必须搞清楚这两种奇异现象的来龙去脉。

　　1. 水葫芦灭绝的原因　水葫芦的繁衍能力很强，株体出水不高，株身无异味，叶面光滑，蒸发量小，是鳝池避暑遮阴、调控水温和净化水质的优良水生植物之一。但是，水葫芦在同一固定的水域中，只能茂盛生长一年，翌年生长缓慢，繁衍能力大减，抗病能力衰退，第三年自然灭绝。此后，要想在水葫芦灭绝的水域中，重新培植出旺盛生长的水葫芦，至少需要间隔6年时间。

　　为什么会出现水葫芦自然灭绝现象呢？留心观察者不难发现，水葫芦生长在某一固定的水体中，第一年的根须呈泥黄色或泥白色，第二年的根须是黑色呈絮状，第三年的根须是漆黑色且絮状根团自然断落或烂掉，株体逐渐萎缩而绝迹。这说明，水葫芦怕宿旧窝、怕重茬。

为什么水葫芦怕宿旧窝、怕重茬呢？因为水葫芦生长相当迅速，分蘖相当快，一旦气温和水温适宜，1个月左右就会满满占领水面，这使得一种专嗜水葫芦根须的微生物得以良好的场所进行大量繁育，从而破坏水葫芦的根须，使其根须由黄变黑，由黑变烂，致使水葫芦不能吸收水体中的养分而逐渐衰亡。此外，因水葫芦第一年生长特别茂密，使得水体中供其生长的养分枯竭，加上其根须又被微生物和细菌破坏后，丧失吸收养分的能力，故只好逐渐萎缩灭绝。因此，鳝苗培育池中不能连年选植水葫芦。

取代水葫芦的水生出水植物有水花生、水慈姑和水红菱等。

2. 水葫芦株体全部变白的原因　水葫芦放养于鳝苗培育池中，有时会出现株体全部变白现象。一旦发生这种现象，池内的所有水葫芦如雪似粉，净白无瑕。这种现象是在放养水葫芦的水体中施用了某些喹诺酮药物所致。如在鳝苗培育池中使用诺氟沙星抗菌药物，7～10天后，水葫芦的株体就会由碧绿转为雪白。

鳝苗培育池中如果出现水葫芦变白的现象，应对使用的药物进行分析研究，观察用药后的治疗效果，一旦达到治病目的，立即便换新水。更换新水后，如果水葫芦还不转绿，可重新更换水葫芦。一般更换新的水葫芦后，再不会由绿转白。

据调查，出现白色水葫芦的池内，其鳝苗的生长不会发生异常现象。

十、鳝苗培育池在换水时应注意的问题

水泥鳝苗培育池在换水时，要时刻不忘引用水与鳝池水的温度差距。因为，鳝苗的抗温差能力只有±3℃。如果池内与池外两者之间的水温差距过大，就会引发鳝苗患温差症、白露综合征和"感冒"等疾病。具体来说，换水时应注意以下几点：

1. 换水周期与时间　水泥鳝苗培育池在换水时，应根据气候、水温和鳝苗投放密度大小，灵活决定换水周期。如果天气炎热、水温较高、鳝苗投放密度大，换水周期应短一些；如果天气凉爽、水温较低、投放鳝苗的密度不大，换水周期可长一些。一般夏季1～3天换水1次；秋季3～7天换水1次。换水时间最好选择在10：00以前进行。

2. 换水方法　彻底换水。

3. 换水时先检测池内、外两者的水温差　水泥鳝苗培育池在换水前，一定要事先测定池内与池外引用水两者之间的水温差，以免误抽温差超过±3℃

的外源水危害鳝苗。特别是在秋季，池内与池外两者的水温差，几乎 15 分钟左右就发生一次变化，因此，引水时要千万留心。

4. 暴雨前后不要换水　暴雨前或暴雨后，大面积水域与小面积水体的温差极大，加上暴雨前后的天气极不正常，使得水体的温度与空气的温度的差距也相当大。因此，暴雨前后不要换水。

5. 寒潮或冷空气南下时不要引用河水　每年的春、秋时节，时有冷空气南下和寒潮天气出现。当寒潮和冷空气到来的时候，大江、大河、大湖和大水库等大水域的水温，一下子不可能随气温陡降而巨变（因为水有吸热慢、散热也慢的特性），往往是大面积水体的水温与小面积水体的水温相差特别大。因此，寒潮或冷空气南下时，不要引用大江、大河、大湖和大水库等大水域中的水。

6. 尽量抽取表层水　在给水泥鳝苗培育池换水时，要尽量抽取引用水水体中的表层水，千万不要将吸管（或筒）没入水体底部取水。因为表层水经日晒和沉淀后，清澈明亮，含氧量高，细菌指数低，有毒物质少；而深层或水体底层的水，溶氧量低，细菌和虫卵指数高，有毒物质的成分多，抽入鳝池后，有许多隐患。

第二节　1 龄鳝苗的培育模式

一、1 龄鳝苗培育的基本概念

1. 培育时间　从稚鳝第一次冬眠出蛰至 6 月 20 日。特殊情况下，可一直培育至第二次入蛰。

2. 培育的任务　将 5～10 克的稚鳝培育成 20～50 克的幼鳝。

3. 培育的苗床　1 龄鳝的培育，一般将 0 龄鳝苗培育池中出蛰的稚鳝，转入面积转大的土池内，实行较稀密度的培育。

4. 饲养料的种类　饲养 1 龄鳝苗的饵料，比培育 0 龄鳝苗的食物要广普得多。常用的饵料有小鱼、小虾、水丝蚯蚓、红蚯蚓、鱼糊、淡水小龙虾糊、螺肉糊、蚌肉糊、蚬肉糊、黄鳝专用颗粒饲料、熟透的饼粕、黄粉虫和蝇蛆等。

5. 出蛰转窝期　水泥池中培育的 0 龄鳝，一般在 3 月上旬出蛰。出蛰复水后 5～10 天转窝，即将稚鳝转入面积较大的土池内，实行较稀密度的培育。

6. 生长飞跃期　通常，我们把经过一次冬眠后出蛰的稚苗，转入面积较大的"三防"鳝蚓混育土池内培育的 4～6 月期间，称之为鳝苗生长飞跃期。这个时期的鳝苗病害最少，生长极快。

7. 备售期　大约 6 月 20 日之时，稚鳝已长成体重为 20～35 克的幼苗。此时，意味着黄鳝培育成功，可以出售，也可以转入成鳝养殖池中喂养。

二、"三防"鳝蚓混育土池的修建

所谓"三防"，即防逃、防旱和防涝；所谓鳝蚓混育，即鳝苗与红蚯蚓同在一个土池内混合培育。

利用"三防"鳝蚓混育土池培育鳝苗，较水泥池具有五大优势：①面积较大，使鳝苗能实行较稀密度的培育，避免因培育密度过大而引发鳝苗恶性疾病或导致鳝苗停止生长；②土池内的水温受"地气"* 的调控，不仅能基本稳定，而且不会出现较大的昼夜温差；③土池培育鳝苗时，池内的水温可保证在 32℃以下，也就是说，土池培育鳝苗时，在盛夏高温时节，不会出现高水温危害；④土池内培育的鳝苗发病率极低；⑤利用土池培育 1 龄鳝苗，有助于其生长飞跃期的快速生长。

在修建土池培育鳝苗时，应考虑防逃、防旱、防涝以及鳝蚓混育等问题。要想建造一个合乎"三防"标准的鳝苗、蚯蚓混育土池，需要认真做好下列五步工作：

第一步：选择一块或几块日照充足、水源条件好、面积在 1 000 米² 以上的田块，先挖一个 1 米深的长方形或正方形的土池。将挖取的土方，筑成防逃围堤。围堤面上与池底的垂直高度不小于 1.5 米，坡比为 1∶1。

第二步：在围堤的上半腰处，沿围堤内修一道宽约为 40 厘米的平坎（或称清坎），以备防逃、巡池和投食之用（经多次观察，鳝苗夜间外逃时，行至平坎，就会迅速回头）。

第三步：在池底的四周，挖一道 1 米宽、0.5 米深的防旱圈沟，将挖起的土方挑出围堤外。一旦遇到干旱，鳝苗就会溜入沟内活动。

第四步：在池子中部挖一井字形沟，沟宽 50～60 厘米、深 20 厘米。井字沟把池子底部分成 9 个大致相等的垗子（通常，我们管这 9 个垗子叫"栖鱼

---

* "地气"：即地温的上升与下降。当池内温度迅速增高时，地温就会自然下降；当池内温度迅速下降时，地温就会自然上升。

峁"，即供鳝苗栖息的地方）。开挖井字沟时，将挖起的泥土放在栖鱼峁的位置上。池子注水后，井字沟内的水深为 30～40 厘米，圈沟内的水深 60～80 厘米（图 2-4）。

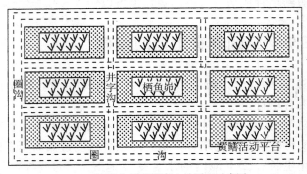

"三防"鳝蚓混育土池平面示意图

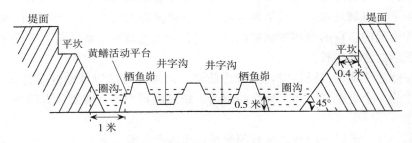

图 2-4 "三防"鳝蚓混育土池截面图

第五步：在露出水面的若干栖鱼峁上，堆放腐熟的牛粪、谷壳、绿肥、浮萍或沼气池清池中清出的废料等基料，培殖红蚯蚓，并有意在峁上的四周稀疏移栽些辣蓼、马兰或乌龙冠等近水生植物，为红蚯蚓和鳝苗遮阴避暑，使峁上有阴、有墒、有肥，为红蚯蚓的繁衍和鳝苗在其间打洞潜伏创造良好的条件。

由于若干栖鱼峁上有许多蚯蚓生长繁育，在饲料短缺的日子里，可适当提升池水，迫使蚯蚓出洞，让鳝苗自行捕食。

三、1 龄鳝苗培育的技术要点

1 龄鳝苗的培育，一般都选择在面积较大的"三防"鳝蚓混育土池中进行。培育的技术要点如下：

1. 施肥与植草　新建的"三防"鳝蚓混育土池，其池底的土壤和池内水体的 pH 一般都偏高，不利于鳝苗正常生长。对此，应对池底的土壤和池水进行调酸。调酸的方法有两种：一是施用磷肥，即每 1 000 米^2 面积施用过磷酸钙 25 千克。如果池水平均深度超过 40 厘米，每 1 000 米^2 面积可将过磷酸钙增施至 35 千克。过磷酸钙施入池中 5～7 天后，植草投苗。二是施用牛粪。每 1 000 米^2 面积施用腐熟的牛粪 2 500～3 000 千克，牛粪施入池中 15 天后，植草投苗。

新建的土池施肥调酸之后，应向其内大量移植水葫芦或水花生等水生出水植物。水生出水植物就移植于圈沟和井字沟内。移植水生出水植物应在 3 月上旬开始，4 月 5 日左右一定要使其基本掩饰水面，以利按时投放鳝苗。

2. 投苗与投食　"三防"鳝蚓混育土池，一般都没有进、排水孔，故换水不很方便。因此，在转投鳝苗（将 0 龄鳝苗转窝）时，要尽量稀投。一般每平方米面积（水面面积），投放 5 克左右的鳝苗 100 尾左右；10 克左右的鳝苗，150 尾左右。如果 6 月 20 日左右，不计划出售鳝苗或不将鳝苗转入成鳝养殖池中喂养，投苗还要稀 30%；如果某个"三防"鳝蚓混育土池有较好的进排水设施，投放鳝苗的密度可稍大一些。但最大密度不能超过每平方米 200 尾。

鳝苗投放后约 3 天，就可以进行投食培育了。投食量一般按原投鳝苗的重量进行计算。4 月期间，日投食量为原投鳝苗重量的 3%～4%计算；5 月期间，日投食量为原投鳝苗重量的 5%～8%计算；6 月期间，日投食量为原投鳝苗重量的 9%～15%计算。投食时间最好定在 18：00 左右。投喂的饲料要求清洁新鲜，细碎微小。一般以腥饲料为主，熟制的粮食料为辅。条件允许时，可添加微小的活饵投喂。

3. 抗旱与抗涝　"三防"鳝蚓混育土池，一般不修建进、排水孔，需要进、排水（或换水）时，可用电动吸程泵或电动潜水泵进行排灌。在春旱时节，要及时向池内补水，以免水位过低，影响鳝苗生长；在暴雨频繁的日子里，应及时排水，以免水位太高，导致鳝苗大量集结于某一处水生植物排上，引发疾病。

此外，在给池内换水时，要给吸管安装好防护罩或防护围网，以免吸水时吸入鳝苗。

4. 防逃与防害　利用土池培育鳝苗时，最为重要的是要认真做好防逃和防敌害工作。

在暴雨之夜，鳝苗常翻越围堤外逃。在饲料不足、培育环境恶劣或防逃设施不严的情况下，有时会逃得1尾不留。因此，防逃工作应时刻不忘。

防逃的方法很多，下面介绍几种简单易行的措施，以供参考：

（1）在防逃的平坎上铺设20厘米厚的粗谷壳。因为鳝苗有怕痒的习性，当其逃至谷壳防线时，就会立即掉头。

（2）在防逃围堤上扎1圈入泥20厘米、高50～100厘米的网片。

（3）在防逃平坎上面铺1层厚约20厘米的粗沙。

利用土池培育鳝苗，最大的弱点是敌害生物较多，如蛇、牛蛙、水鸟、黄鼠狼和老鼠等。对此，要经常做好防控和剿灭工作。如用一股铁叉猎取牛蛙，用多股铁叉猎取毒蛇，用风车驱赶水鸟，用药饵灭鼠或用捕鼠夹套捕黄鼠狼等方法行之有效。各地应根据不同的情况，采取与之相适应的防敌害措施。

5. 防病与治病 利用土池培育鳝苗，一般病害较少。但是，如果投放鳝苗的密度过大，管理方法不当或投喂的饲料不清洁，也会引发一些疾病。对此，应坚持认真做好定期消毒和定期灭虫工作进行预防。定期消毒15天1次，消毒时每立方米水体用0.3克二氧化氯全池泼洒；也可以选用生石灰，用量为每立方米水体25克。定期灭虫每30天1次，灭虫时每立方米水体用90%的晶体敌百虫0.65克化水全池泼洒。

土池内最常见的鳝病有肠炎、烂尾病、细菌性皮肤病、棘头虫病和张嘴不合症。对此，可参照本书后文中的防病治病方案进行对症治疗。

6. 捕捞与收获 经过第二轮3个多月时间的培育，6月20日前后，鳝苗的个体重量在20～35克时，就可以捕捞出售或者转入成鳝养殖池中喂养了。

捕捞鳝苗时，先提升池水淹没栖鱼峎，让鳝苗把栖鱼峎上的蚯蚓自行捕食干净。7～10天后，将池内的水生植物拉扯堆积若干处，每处（每堆）堆放面积约1米²，堆积厚度约60厘米。水生植物全部拉扯堆积好后，再提升池水45～60厘米，迫使鳝苗聚集水生植物堆上。一昼夜后，两人合作，用抄网（图2-5）进行捕捞。捕捞时，一人将大圆抄网伸入水生植物堆下，另一人用竹筒或竹竿在堆上烂捣，迫使鳝苗落入抄网受捕。

注意：无论是捕捞鳝苗，还是运输鳝苗或转投鳝苗于成鳝养殖池中，都要在天气晴好时进行。

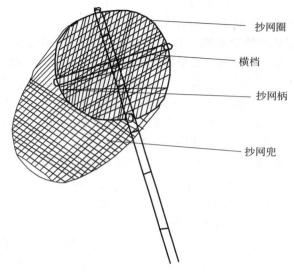

抄网圈

横档

抄网柄

抄网兜

图 2-5　捕鳝大圆抄网

四、"栖鱼峁"上蚯蚓的培殖方法

栖鱼峁上红蚯蚓繁育生长的好坏，直接关系到土池培育鳝苗产量的高低。抓好这项同步配套生产，是一项不可忽视的工作。具体做法如下：

1. 基料的选择与发酵　在"三防"鳝蚓混育土池内的栖鱼峁上繁育蚯蚓，最适宜选用牛粪拌浮萍作基料，基料以堆积栖鱼峁上 30 厘米厚为足。当基料积满峁上后，可用塑料膜覆盖增温，以利基料快速发酵腐熟。当气温在 18～28℃时，20～25 天基料熟化。用手将基料捏成 1 团，举起手，松手让基料团自行坠向地面。如果其团跌成粉状或细碎颗粒状，说明基料已经发酵好了。

2. 投种与留种　栖鱼峁上一般选用爱胜赤子等红蚓作种，每立方米基料投放10 000条左右。蚓种投放后，需要在基料上盖上一层厚约 5 厘米的青草或干杂草，也可在基料四周的黄鳝活动平台上，移栽些辣蓼、海蚌含珠和墨旱莲，以遮阳调温。蚯蚓在有肥、有墒的良好环境中生长繁育大约 35 天，其繁衍的第一代蚯蚓已趋肥大，这时便可以提升池水，逼迫蚯蚓出行，让鳝苗美餐。在加大或提升池水时，不可完全淹没栖鱼峁，要使水位处于半淹峁的地步，使之留下蚓种，以利下一轮继续培殖。

3. 遮阳、保墒与更换基料　在栖鱼峁上的蚯蚓培殖过程中，应在峁上移栽些辣蓼、半枝莲、乌龙冠、墨旱莲和海蚌含珠等植物，以此为蚯蚓遮挡强烈的阳光。在天旱时，要经常给峁上喷水，以保持基料一定的湿度，让蚯蚓正常生长繁育。每一次提升池水 5～8 天之后，要重新增添适量的腐熟基料。增添基料时，将峁子中心陈旧的废料掀至四周，把发酵好的基料填补于其中，充分湿水后，盖上青草或重新移栽些辣蓼等植物。

4. 应注意的问题　①在栖鱼峁上繁育蚯蚓时，工作人员不要在峁上操作时间太长，尽量避免在峁上乱踩滥挖；②要有周期性地灌水半淹栖鱼峁，一般天凉时 27 天 1 次，天热时 20 天 1 次，每次半淹栖鱼峁的时间不得超过 8 天；③每次淹峁期过后，每天傍晚给鳝苗投喂人工饲料时，尽可能投在栖鱼峁四周的水中（黄鳝活动平台上）。此外，栖鱼峁上繁育蚯蚓时，也要防控敌害，如蟾蜍、牛蛙、青蛙、行山虎、鸟和老鼠等，对蚯蚓都有很大的危害。

五、土池内不宜移植的水生植物

有些培育鳝苗者认为，鳝苗培育池中，可以移植些莲藕、芋头和稗草，其实不然。据笔者 10 余年对比试验，得出结论：土池内不宜移植莲藕、芋头和稗草。因为，这三种植物都具有占用空间大、荫蔽大、根蔸庞大和地下茎生长无度的劣点。

1. 莲藕　气味浓烈，影响鳝苗的正常觅食。莲藕的地下茎在池内如果满地穿插蔓生，将会破坏鳝苗的洞穴，影响鳝苗的正常休养生息。

2. 芋头　全株皆有毒，鳝苗惧怕这种植物。在自然环境中，从未发现黄鳝在芋头根须下打洞潜伏现象。

3. 稗草　株高、质坚硬，秋季衰亡后，容易腐烂。

此外，上述三种植物，无论是哪一种在土池内茂盛生长，都会造成不好投食、不好清残、不好施药、不好观察鳝苗觅食情况等不良状况。

所以说，莲藕、芋头、稗草，还有野菱白草和毛蜡烛等水生植物，不宜在培育鳝苗的土池内移植。取代这些劣质水生植物的品种，有水葫芦、水花生、水慈姑和田字草等。

六、土池内根治云苔的方法

云苔，又叫芸苔、水青苔和绿幔子等，它是一种水生绿色丝状藻类植物。

每年的春天和初夏时节，在培育鳝苗的土池中，云苔会如云似幔地遍池生长，使鳝苗活动受阻，觅食受限制，应当及时清除。同时，在没有云苔生长的池子中，也要积极采取预防措施。

预防方法：①每至春末、夏初，取干稻草适量，扎成若干小把，均匀取点浸泡于土池内的水体中，10 天后捞起；②结合定期消毒，每 15 天用二氧化氯消毒 1 次，用量为 0.3～0.4 毫克/升；③在春末、夏初的日子里，每立方米水体施用新鲜草木灰 0.5～1 千克。

根治方法：①每立方米水体用 0.7 克硫酸铜全池喷雾 1 次；②每立方米水体用 5∶2 的硫酸铜与硫酸亚铁合剂 0.7 克，全池泼洒 1 次；③每立方米水体用 0.3 克野老，加入大量的水溶化稀释后，全池泼洒 1 次；④每立方米水体用 0.3 克禾草克，加大量的水稀释后全池泼洒 1 次。上述 4 种方法，只限选用 1 种，切忌两药（两方）合用。否则，会杀灭池中有益的水生植物。

七、土池内水生植物的病虫害防治

培育鳝苗的土池内水生植物的病虫害防治工作，是一项不可忽视而又常被人忽视的工作。

为什么要重视土池内水生植物的病虫害防治工作呢？因为土池内的水生植物具有为鳝苗培育池抵挡强烈阳光直照、调控水温、净化水质、改良培育环境和鳝苗防病的作用。如果池内没有水生植物，鳝苗就会失去窝床，失去栖身的活动场所；鳝池内的水温，将无法调控在 32℃ 以下；鳝池内的水温变化，将会在短时间内十分剧烈，使鳝苗无法生存。

土池内常见的有益培育鳝苗的水生植物，有水花生、水葫芦、水慈姑和紫背萍等。在夏、秋两季，这些水生植物都易遭受病虫危害，病情严重时，还会灭绝，使鳝苗培育失败。

水花生：易发病症有凋叶病、褐斑病和黑根病；易发虫害有盲椿象、斜纹夜盗蛾等。

水葫芦：易发病症有黑点病、断根症和黄叶枯病等；常见的虫害有蚜虫、食根蚤和小青螟等。

水慈姑：易发病症有黄叶枯病和黑斑病等；易发虫害有小青螟和造桥虫等。

紫背萍：易发病症有黑点病、断根症等；常见虫害主要是蚜虫。

【预防方法】

1. 细菌性病症 ①结合池内消毒，每立方米水体用生石灰25克，化稀浆趁热全池泼洒1次；②在阴雨连绵的日子里，每立方米水体用0.3克二氧化氯全池泼洒1次。

2. 虫害 结合池内定期灭虫，每月用90％晶体敌百虫兑水1 500倍泡化，全池喷雾1次（每立方米水体用药量不得超过0.7克）。

【治疗方法】

1. 细菌性病症（凋叶病、褐斑病、黑根病、黑点病、黑斑病、黄叶枯病、断根病等） ①用12.5％的消斑灵（可湿性粉剂），先加少量的水调成糊状，然后加充足的水搅匀喷雾，每1 000米^{2}面积最多只能使用50克药物；②用70％的甲基托布津（可湿性粉剂）50克，加充足的水，搅匀喷雾1 000米^{2}面积，每周1次，连用2～3次。

2. 虫害（盲椿象、食根蚤、蚜虫、小青螟、斜纹夜盗蛾和造桥虫等） ①每立方米水体用90％的晶体敌百虫0.7克，兑水1 500倍泡化后喷雾；②用溴氰菊脂或氯氰菊脂1 200倍稀释液喷雾（每立方米水体用药不得超过0.1克）。

注意：在使用溴氰菊脂或氯氰菊脂等除虫菊或拟除虫菊类药物时，因气温、阳光和施药过量等原因，会引起鳝苗急性中毒（极少见），中毒症状表现为鳝苗极度不安，尾巴露出水面并快速运动。对此，应迅速用30毫克/升的生石灰，化稀浆趁热全池泼洒，10分钟后，鳝苗会转危为安。

八、奇怪的紫背萍灭绝现象

紫背萍是鳝苗培育池中常用的调温和净化水质的水生浮生植物。有时候在鳝苗培育池中，会出现紫背萍消失得无影无踪的奇特现象。这种现象的出现，是鳝苗培育生产中的一个危险信号。

因为在同一水体中，如果出现紫背萍或其他浮萍灭绝现象，往往表明在这一水体中的前一段时间，施用含氯类渔药过量。根据这一经验，应立即停止向池内施用含氯类药物。否则，在不长的时间内，鳝苗就会出现氯元素中毒或积累性慢性中毒。中毒鳝苗的主要表现症状为肝脏严重损害，如肝脏肿大，内组织出血等。

例如：在某一鳝苗培育池中，连续 5 天使用漂白粉，且每次的用量大于 1 毫克/升，1 周后，紫背萍或其他浮萍都会灭绝。因为紫背萍或其他所有浮萍，都惧怕含氯类药物，特别是氯残留较高的渔药，对紫背萍的危害更大。如强氯精、消毒王、富氯和活性氯等，都对紫背萍有强大的毒性。

此外，如果在培育鳝苗的水体中，使用过量的野老（农用除草剂）和硫酸铜，20 天后，紫背萍也会自然消失。

鳝苗培育池内如果出现紫背萍灭绝现象，至少在 20 天之内，不能重新培植出新的旺盛生长的紫背萍或其他浮萍。

第三节　鳝苗在特殊环境中的培育模式

一、稻田培育模式

利用稻田（常规中稻田）培育鳝苗，一般只能培育 1 龄鳝苗。且培育的鳝苗当年不出售，即翌年鳝苗出蛰时，进行捕捞和收获。在稻田这个特定的条件下培育鳝苗，有利亦有害，利在所育鳝苗病害少、生长快；害在所育鳝苗易发生肥害、药害和敌害。要想在稻田中战胜各种灾害，夺取水稻、鳝苗双丰收，就必须掌握以下技术要点：

1. 稻田的改造

（1）田埂和堤坝的改造　选定用作培育鳝苗的稻田，其田埂应在冬季里结合稻田的改造，加高、加宽和加固。埂高一般高出稻田常规管水水平面的 40 厘米以上，埂宽在 80 厘米左右。田硬加高、加宽后，要夯实、压牢，确保田埂不漏水。对于用作大面积锁水的老堤坝，应铲除杂草和树木，灭鼠堵洞。

（2）稻田的改造　培育鳝苗的稻田选定之后，应对稻田进行改造。具体的改造工作是：在田内开挖几条供鳝苗活动、避暑和避旱和避敌害、避药害、避肥害的鳝溜（或称鳝沟）。鳝溜以井字形为好。开挖鳝沟时，要根据田块的大小，酌情考虑鳝溜的开挖宽度。一般沟宽为 1 米左右，沟深 0.3～0.5 米。开挖鳝沟的泥土，就均匀散布在稻田之中。鳝溜的占地面积为稻田总面积的 8% 左右。

（3）修建好进、排水体系　培育鳝苗稻田的进、排水设施的修建工作，应结合开挖鳝溜来综合考虑。开挖进、排沟渠时，应考虑整体排灌和鳝溜方向等问题。同时，对于稻田外界的蓄水沟渠或排水沟的修筑、开挖和疏通，要认真施工，力争做到要水即灌，恶水即排。

（4）培育鳝苗稻田的建设模式

①井字形鳝沟模式：见图2-6。

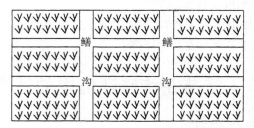

图2-6　井字形鳝沟模式

②小河形鳝沟模式：见图2-7。

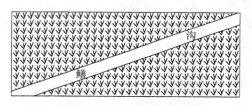

图2-7　小河形鳝沟模式

③十字形鳝沟模式：见图2-8。

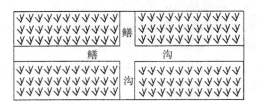

图2-8　十字形鳝沟模式

④U形鳝沟模式：见图2-9。

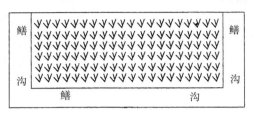

图 2-9 U形鳝沟模式

2. 稻田培育鳝苗的基本方法

（1）提早整田 培育鳝苗的稻田，在耕整时应比种植常规中稻的整田提前45～50天进行。也可以在稻田改造好之后，采用年前翻耕冬凌、翌年水整的方法，来改良土壤的团粒结构和泥层的疏松度。有条件者，可以在耕耙好的田块中施些绿肥，以改良土质，增加田地的肥力，以及为鳝苗的天然活饵提供繁衍的养分。

（2）布设防逃设施 目前，用作鳝苗防逃设施的材料有两种：一种是聚乙烯材料做成的密织网片（全国各地均有出售）；另一种是石棉瓦。布设防逃设施的方法是：在堤埂上包围培育面积，即"防逃圈"。布设防逃圈时，防逃材料要埋入泥土 20～40 厘米深（在堤坝上埋 20 厘米深，在田埂上埋 40 厘米深）。防逃网或防逃瓦要高于埂或坝平面 60 厘米以上。为了防止外界敌害生物跳入培育鳝苗的田内，防逃网或防逃圈越高越好。在进、排水处，要布设双重的防逃设施。

（3）清除敌害 稻田培育鳝苗时，敌害生物很多，如鸟、蛇、青蛙、牛蛙、行山虎、蟾蜍、成鳝、泥鳅、水老鼠和龙虾等。对此，在投苗前 14～24天，每立方米水体用氯氰菊脂 1 克，全田泼洒 1 次，用药后要利用 4～5 个夜晚，花大力气捕捉未毒死的青蛙、牛蛙、蛇、蟾蜍和行山虎等（此中有许多生物对人类有益，捕捉后应放生于离培育池较远一点的地方），力争彻底清除敌害生物。

在鳝苗投放之后，也要经常利用矿灯夜间巡查，发现敌害，及时清除。对于水老鼠和水鸟也不能忽视，灭鼠时可用鼠夹和药饵，驱鸟时可指派专人负责。

（4）适时插秧 培育鳝苗的稻田，一般在 5 月下旬插秧。插秧的密度，按正常的株、行距进行。插秧时，每间隔 2 米，留一道宽约 40 厘米的厢行，开厢方向最好是南北向。

（5）适时投苗　鳝苗的投放，可在插秧之前，也可在插秧之后。一般每 1 000米² 面积投放鳝苗（5～10 克的鳝苗）50 000 尾左右。放养的密度越小，鳝苗生长越快，病害越少。每1 000米² 面积投放鳝苗量，最高不得超过 60 000尾。

（6）加强日常管理

①水管理：培育鳝苗稻田的水管理，既要照顾水稻的生产，也要考虑鳝苗的培育。最好的方法是：前期浅水勤灌；中期白天深灌，晚上降水于正常；后期随干随湿。具体地说，8 月中旬以前，管水 6～10 厘米，待水稻拔节孕穗时，采用灌水与露田交替进行的方法，一直管到中稻收割。待到中稻收获完毕后，采用 10～15 厘米的管水方法，直至 10 月上旬为止。此后，让田水自然落干，以利鳝苗入洞冬眠。

②饲养管理：坚持每天傍晚向田内的鳝溜中投喂饲料，是提高鳝苗产量的关键。投喂的食物可选择水丝蚯蚓、红蚯蚓和蝇蛆等活饵，也可以选用鱼糊、蚌肉糊、螺肉糊和蚬肉糊等新鲜动物肉类腥饵料，还可以选用鱼粉、淡水小龙虾干粉，以及小颗粒黄鳝专用饲料等。在饲料紧缺的日子里，可适量投喂些熟透的豆渣和炸制的菜籽饼等。投食量为鳝苗体重的 4%～8%。

③高温期管理：在盛夏高温期，要保证白天稻田里的水位在10～15厘米。同时，在鳝沟内还要适量放养些水葫芦遮阳调温，确保鳝沟之水和田水不超过32℃。

④施肥与施药管理：在培育鳝苗的稻田里施肥或施药时，都要选择阴天或晴天的早、晚进行。在施肥时，要将 1 次的用量分 2 次施完，2 次间隔时间不短于 24 小时；在施药时，可提升水位 10 厘米或者彻底排干田水，施药 24 小时之后再复水。

在稻田里使用的农药，要选择低毒高效、对鳝苗毒副作用小、无残留危害和无二次感染的药物，以防死虫掉入水中，被鳝苗摄入后产生中毒。喷施农药时，要打足气，提高药液的雾化程度和施药的均匀度。实践证明，只要按照科学的方法在稻田里培育鳝苗，稻田里使用农药和化肥是绝不会对鳝苗产生危害的。

⑤防逃：利用稻田培育鳝苗的全培育过程中，都要经常检查防逃设施，发现问题及时处理。在暴雨之夜，要加强巡查，以防鳝苗堆积一角，相互合作外逃。

⑥捕捞与收获：稻田培育的鳝苗，一般当年不收获，也不捕捞出售，待翌年 3～4 月鳝苗第二次冬眠出蛰时，收捕鳝苗。捕捞方法如下：

捕捞经过两次冬眠后出蛰的鳝苗，最好方法是：选择较暖和的天气，在稻田中灌水至 10～20 厘米，用蚯蚓作诱饵，以 L 形鳝笼诱捕。如果水温在 20℃以上，每 1 000 米² 面积放鳝笼 20～30 个，每晚（夜）捕 1 次，连捕 3～6 夜，可收获鳝苗 85%。

3. 鳝苗培育稻田中的施肥与施药

（1）在鳝苗培育稻田中使用农药时，要坚持选择毒性小、残留低、无二次感染和分解比较迅速的药物，如选用杀虫双、敌杀死和氯氰菊脂等。

（2）对有强烈刺激作用的化肥，要"减量增次"地使用，如碳铵、氯化钾等。

（3）施药时提高水位或彻底排干池水，让鳝苗溜入鳝沟或钻入洞穴中避药，待 24 小时后，药物毒性衰减时再排水换水或复水。

（4）不要将两种或两种以上的农药在稻田里配伍使用。

（5）不使用残毒期长的药物。

为了确保在稻田中培育的鳝苗，优于自然界产出的鳝苗，在稻田使用农药和化肥时参照表 2-1。

表 2-1　鳝苗培育稻田选择和使用农药、化肥参考

项　目		宜　用	慎　用	忌　用	备　注
农药	除草	精草克、丁草胺、禾大壮、野老	二甲四氯、杀稗丰	五氯酚钠、农达	
	杀虫	杀虫双、敌杀死	扑虱灵、杀虫威	3911、1605、1059、灭少利、呋喃丹	忌两药合用
	灭菌	波尔多液、井冈霉素	代森锌、叶枯宁		
化肥	底肥	过磷酸钙、尿素	碳铵	硫酸铵、硫酸钾	碳铵亩* 用量 18～25 千克
	追肥	尿素、磷酸二氢钾	氯化钾	氨水	

二、深水池培育模式

利用深水池这种特定条件培育鳝苗，只适应培育 1 龄幼鳝。培育的苗床是

---

*　亩为非法定计量单位，1 亩＝1/15 公顷。

水花生厚排。培育的时间是4～9月。培育的工作要点如下：

1. 深水池的整改与灭害　选定水深在40～110厘米的池塘中培育鳝苗时，首先要对围堤或围埂进行整改。整改的任务有：一是要补筑好围堤或围埂的缺口处；二是要将不成型的围堤或围埂（低矮处）加高或加宽成型。围堤或围埂整改合形后，对池塘进行彻底清塘，以杀灭池内的所有野杂鱼、螺、蚌，以及所有生存于池内的敌害生物和寄生虫。清塘用药一般选用黄粉，用量为每立方米水体5～6克。清塘后约45天，彻底更换池水。然后，在池内四周大量引植水花生，为鳝苗营建窝床（苗床）。4月下旬，池内的水花生要形成厚厚的浮排。浮排形成时，池塘的面貌如图2-10。

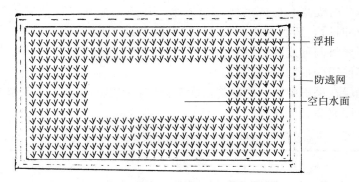

图2-10　深水池内水花生浮排示意图

水花生浮排形成时，应用1毫克/升的90%晶体敌百虫全池泼洒一遍，以杀灭引植水花生时有可能带入池内的寄生虫。灭虫4天后，用0.5毫克/升的二氧化氯给池塘消毒，然后进行投苗培育。

2. 布设防逃设施　在池塘的围堤或围埂上，用密织网片布设一道高60～100厘米的防逃网。

3. 投苗　按水花生浮排面积计算，每平方米投放5～10克的鳝苗300尾左右。

4. 饲养管理　深水池培育鳝苗的饲养管理，与本书中"1龄鳝苗的培育"的饲养方法基本相同，只是在大风和大雨天气情况下，少投饲料或不投食。

5. 水管理　保持池水基本稳定，全培育期可不换水。如果投放鳝苗的密度较大，在盛夏高温期，可酌情换水1～3次。

6. 防病　定期15天用0.3毫克/升的二氧化氯全池消毒1次。全培育期可以不使用灭虫药物。

7. 捕捞与收获 从 6 月中旬至 9 月下旬均可捕捞出售。捕捞工具最好选用"担网"。担网的长为 10 米、宽为 4～5 米，其形状如图 2-11。使用担网捕捞鳝苗时，三人合作，两人各执担网一端，将担网兜入水花生排下，第三人用竹竿在排上乱捣，迫使鳝苗离排入网。收网时，先收端网左、右两边的纲绳，然后快速将担网移出水花生排外，合网时，第三人用大络子打捞鳝苗。

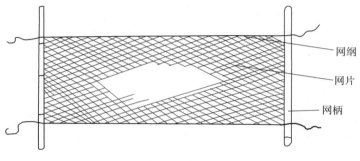

图 2-11 担 网

三、半干半湿培育模式

选择一块或几块 500～1 000 米² 面积的稻田或浅水池塘，在其内修筑若干道小埂，使池底形成若干道小沟，埂与沟的占地面积大致相等。用这种特殊的、半干半湿的苗床培育鳝苗，既可以培育 0 龄的稚鳝，也可以培育 1 龄的幼鳝。培育工作的要点如下：

1. 建池 在基本平坦的池底或稻田中，先挖 1 圈 1.5 米左右宽的围沟（或称圈沟），沟深 50 厘米。挖起的土方就用之筑建围堤。然后，在池子中央的平滩，每间隔 1 米挖 1 道深约 0.3 米的小沟，这种小沟叫"育苗沟"。利用若干开挖育苗沟的土方，筑起若干道小埂，这种埂子叫"护生埂"（图 2-12）。

沟埂修造好后，在围堤上用密织网片布设 1 圈高 60～100 厘米的防逃网。防逃围网布设后，在护生埂上移栽水花生，移栽密度以基本布满护生埂为度。移栽水花生时，不要携带任何杂草，特别是有再生能力的水草。通过 3～4 月大约 50 天的培植和生长，使水花生达到半掩育苗沟的程度。

池子修造和建设好后，注水，使育苗沟水深在 30 厘米左右。注水后，每

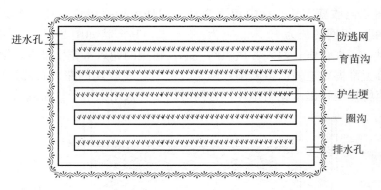

进水孔 ——— 防逃网

——— 育苗沟

——— 护生埂

——— 圈沟

排水孔

图 2-12　鳝苗半干半湿培育池

立方米水体施用过磷酸钙 50～150 克，借以调理水体或池底的酸碱度。

2. 投苗　按池内的水面计算，每平方米投放 0 龄稚鳝 500 尾或投放 1 龄幼鳝 300 尾左右。

3. 饲养管理　若池内培育 0 龄鳝苗，可参照本书中"0 龄鳝苗的培育"的饲养方法进行管理；若是池内培育 1 龄鳝苗，可参照本书中"1 龄鳝苗的培育"的饲养方法进行管理。培育鳝苗的饲料，一般投入沟内。

4. 水管理　半干半湿鳝苗培育池的水管理，指的是圈沟和育苗沟的水管理。通常，育苗沟内的管水深度为 20～30 厘米。高温天气，可酌情管水 40 厘米左右。若是培育 0 龄鳝苗，9 月 20 日之后，可让池水自然落干，让鳝苗无水越冬。

半干半湿培育池需要经常换水，一般每周更换 1 次。

5. 高温期管理　在盛夏高温期间，要确保育苗沟和圈沟内水温在 32℃ 以下。如果水温太高，且一天内超过 2 小时居高不下。可在育苗沟和圈沟内放养些紫背萍，借以遮阳调温。秋后，水温稳定在 28℃ 以下时，可用 0.3 毫克/升的野老全池泼洒 1 遍，以消灭浮萍。

6. 防病　半干半湿培育池内要对水体定期 15 天消毒 1 次。消毒用药最好选用二氧化氯或生石灰。二氧化氯的用量为每立方米水体 0.3 克；生石灰的用量为每立方米水体 25 克。对于池内的灭虫，要酌情而定。如果池内检查不出锥体虫和其他寄生虫，可考虑不施用灭虫药物。

7. 捕捞与收获　若在池内培育的是 0 龄鳝苗，翌年鳝苗出蛰后，可继续培育 100 天（4～6 月）；若池内培育的是 1 龄鳝苗，从 6 月中旬开始，就可以收获鳝苗了。捕捞鳝苗一般选用 L 形鳝笼进行诱捕。捕获的鳝苗可在室内暂养 20 天左右，但要掌握一定的暂养技术。

四、室内短期培育模式

鳝苗在室内的短期培育，简称为暂养。暂养鳝苗的目的是，预备集中出售。暂养方法如下：

1. 暂养量 鳝苗室内暂养，一般借用脱碱后的水泥池和白铁箱等容器。暂养的密度应根据暂养时间的长短、暂养池或暂养容器水温的高低，以及暂养鳝苗规格的大小来综合考虑。具体的暂养密度（单位面积的暂养量）见表2-2。

表 2-2 20～30 克鳝苗的暂养密度（尾/米²）

暂养时间	水 温			
	18～20℃	21～24℃	25～28℃	29～32℃
7 天	450	400	350	350
10 天	400	400	350	300
15 天	350	350	300	300
20 天	300	300	300	300

2. 暂养时间 在室内暂养鳝苗的最长时间不得超过 25 天，否则，无论怎样换水和消毒，鳝苗都会感染细菌性疾病。特别是脱黏症和烂尾病，在暂养超过 25 天之后，几乎全部的鳝苗都会发生。

3. 换水 鳝苗在室内暂养时，要经常给暂养池或暂养容器换水。换水的最佳时间是 8：00 和 23：00。换水时，要择取自然沟渠的表层水，切勿使用井水、自来水和水缸里的凉水。换水时，所取的引用水与暂养池或容器之水的温度差不得超过±3℃。换水周期 12 小时。

4. 饲养 凡属暂养鳝苗超过 7 天，都应给所养鳝苗投喂少量的缓解饥饿的食物。投喂的食物最好选择红蚯蚓、鲜鱼糊或蚌肉糊等。投喂量为鳝苗体重的 3%～4%。投食的时间应安排在夜深人静时。每次投喂食物后约 4 小时，应给暂养池或暂养容器换水。换水时要谨慎操作，切勿乱动、乱翻、乱震动，以免引起鳝苗呕吐。

5. 环境 暂养鳝苗最重要的是，保持池子或容器周边的环境安静。特别是震动，对鳝苗的生理机能损害极大。

6. 消毒 鳝苗在室内暂养时，要定期做好暂养池或暂养容器的消毒工作。

消毒周期为5天，消毒时最好选用漂白粉，用量为1毫克/升，消毒药液泼洒于池水或暂养容器内的水体中。

第四节　培育鳝苗的实践经验

一、繁育鳝苗时常见的错误

仿自然繁育鳝苗，是一种广谱生产鳝苗的新方法。因其起步较晚，千家万户都在探索实验，故在其生产实践中出现的错误也千奇百怪。据调查，大多数繁育鳝苗失败者，都存在着下列错误：

1. 消毒或灭虫用药过量　有些繁育鳝苗者，为了"确保"消毒和灭虫用药的"质量"，擅自加大1倍或几倍、甚至几十倍的用药量；还有些繁育鳝苗者，不是采用定期消毒和定期灭虫，而是随意增加用药次数，即施用所谓的"放心药"，结果造成鳝苗中毒或肝脏损害、体表黏液脱落和内组织出血等不治之症，使鳝苗培育失败。

2. 用盐水药浴鳝苗　目前，似乎有这样一项被有些繁育鳝苗者认为是必不可少的技术工作，这就是在0龄鳝苗转入1龄鳝苗培育池培育之前，先用盐水对鳝苗进行药浴。许多繁育鳝苗者，因用盐水药浴，造成鳝苗表体黏液严重受损，抵抗疾病的能力丧失，使鳝苗百病缠身，久治不得痊愈。因此，笔者建议：无论是将0龄鳝苗转入1龄鳝苗培育池，还是将1龄鳝苗转入成鳝养殖池之时，都不要用盐水药浴鳝苗。

3. 用井水育苗或用井水为育苗池降温　井水与自然界沟渠塘堰之水的温度呈逆差，且pH较高，不适宜繁育鳝苗之用，更不适宜用其为培育鳝苗的池子降温或升温。利用井水繁育鳝苗，不仅不能取得孵化的成功，而且培育鳝苗也会100%失败。至于用井水为培育池降温或升温，更不可取。因为，井水与自然界表层水的温度一般相差10℃以上，而鳝卵或鳝苗应变温差的能力只有2~3℃。

4. 利用房间、屋顶或地下池长时间培育鳝苗　采用房间、屋顶或地下池长时间培育鳝苗的人，在前些年是很多的，但没有一个取得成功。原因是池内缺乏日照，池水温度上升或下降太快，水体中的细菌指数太高等。一般来说，利用房间和地下池暂养鳝苗，最多只能在25天之内。

5. 流水育苗　黄鳝有一重要的特性，就是喜静水，怕激流。采用流水培育鳝苗，几乎使稚鳝和幼鳝不能嗅捕食物。如果在投食时断流，其余的时间让池水流动，鳝苗也不能正常的休养生息。

6. 盲目用药 有些繁育鳝苗者，见有鳝苗死亡就施药，他们不分析病情，不查明死鳝的原因，有药就用；还有些繁育鳝苗者，在施用化学渔药时，盲目偏用消毒药物或盲目偏用灭虫药物，结果延误了治病的最佳时机，造成不可挽回的损失。

7. 设置食台 黄鳝靠嗅觉觅食，在鳝苗培育池中设置食台，实为弄巧成拙。因为设置食台，破坏了培育池中的寂静环境，阻碍了鳝苗的正常活动和正常摄食。

8. 用大蒜素防病治病 防治鳝苗疾病的化学渔药和中草药甚多，效果也很好。如利用草药中的海蚌含珠、墨旱莲、辣蓼和地锦草等，防治鳝苗肠炎、烂尾、出血等病都有良好的效果，而且安全无毒、无臭、无刺激。因此，没有必要选用大蒜素这种对鳝苗有浓烈刺激气味的药物，破坏鳝苗的嗅觉，影响鳝苗正常觅食。

9. 盖膜育苗 盖膜培育鳝苗者，无一成功。这是因为在培育池上盖膜后，池内的温度陡升陡降的缘故，此法万不可取。因为在鳝池上盖膜时，在强烈的日光照射下，池内的温度会急剧上升至 45℃ 以上，鳝苗遇此高温，必定会张嘴不合而死。何况盖膜的鳝苗池内，昼夜温度相差 20℃ 以上，想想看，这样大的温差，鳝苗能够生存吗？

10. 依赖灯光诱食 依赖灯光诱食，既是一种懒惰的育苗方法，也是一种不科学的做法。因为采用灯光为鳝苗引诱食物，不仅破坏了鳝苗喜阴怕光的天性，而且灯光引诱的食物，根本谈不上为鳝苗解决饥饿，有时还会招引许多烟雾虫*来毒害鳝苗。

11. 依赖粮食料饲养鳝苗 鳝苗天性喜食新鲜的动物肉类腥饲料，虽然商品粮食料也吃，但摄食后完全不能被消化吸收利用。因为未熟制或未采用特殊强化方式生产的粮食饲料里，含有大量的抗营养因子（抗胰蛋白酶）。长期投喂粮食料培育鳝苗，到头来不会有较理想的收获。

12. 人工制造洞穴 这是一种枉费心机的做法。因为，鳝苗喜欢随自己的意识造穴打洞潜伏，寄栖于人工所造洞穴中的鳝苗，容易受病毒、病菌的感染。主要感染病征有烂皮、烂尾和烂头颅等。实践证明，寄生于人工洞穴中 2

---

　　* 烟雾虫：一种近水栖、会短距离飞行的甲壳类小昆虫。个体约半颗泡胀的黄豆大小，壳表呈泥色，有黑色点状花纹。在它的尾部，能释放出一种乳白色烟雾，此烟雾毒性极大，当鳝苗接触这种烟雾时，体表的黏液会顷刻完全脱落。

个月之后的鳝苗,其隐鞭虫的发病率在40%以上;其烂皮、烂尾和烂头的发病率在60%左右。

13. 用敌百虫拌食 因用敌百虫拌食投喂鳝苗而造成繁育鳝苗失败的人最多。因此,笔者认为,最好不要使用敌百虫拌食投喂鳝苗。目前,取代敌百虫拌食投喂鳝苗的先进药物是阿苯达唑,其商品名称叫史克肠虫清。这种驱虫药只要用量准确,不会造成鳝苗中毒。

14. 螺、鳝混育 在螺、鳝混合培育池中,一旦鳝苗发病用药(特别是施用含氯类渔药和硫酸铜),就会致螺蛳死亡。此外,当鳝苗池内水生植物生长茂密时,螺蛳也会因缺氧而死亡。鳝苗培育池内一旦出现死螺,其恶臭是无法清除的,最终会导致鳝苗因长期不摄食而萎瘪或因水质恶化产生灾难性疾病。

15. 在鳝苗池内移植莲、稗、芋和茭白草 莲荷对鳝苗有破坏嗅觉之害;稗草有根蔸霸占鳝苗洞穴之害;芋头对鳝苗有小毒危害;茭白草有影响鳝苗池日照和秋后腐烂之害。因此,莲、稗、芋和茭白草这4种水生出水植物都不宜引植于鳝苗培育池中。

16. 在鳝苗培育池底部铺一层农作物秸秆 农作物秸秆在腐烂的过程中,会产生硫化氢等有毒物质毒害鳝苗。被毒死的鳝苗表体黏液脱落严重,未被毒死的病鳝,常裸身昏睡于水生植物上或将半个身子露在坡边。此外,农作物秸秆在池底腐烂后,易引发鳝苗赤皮症,久治不得痊愈。

17. 在池底铺农用膜防逃 在鳝苗培育池的池底铺垫一层塑料膜,会阻隔"地气"的上升与下降,隔绝了地温对鳝苗池温度的平衡调剂,使鳝苗长期处于高水温或大温差的危害之中。

18. 在林荫处或在荫蔽较重的地方培育鳝苗 常言说"万物生长靠太阳"。在林荫处或在荫蔽较重的地方建池培育鳝苗,阳光弱,水体长期处于缺氧状态,厌氧菌会在水中大量繁育。在这样的环境中培育的鳝苗,易患"军团症"(鳝苗拼命往上爬,宁死也不肯入水)。

19. 随意翻动鳝苗池内的水生植物 鳝苗天生喜欢寂静。经常随意翻动池内的水生植物,不仅会影响鳝苗的正常活动、正常休息和正常觅食,而且还会致使鳝苗患环境综合征。有些繁育鳝苗者,忽略了这一育苗管理规程,结果失败得不明不白。

20. 过量使用抗生素 有些繁育鳝苗者,在培育鳝苗时,按成鳝治病套路,大量使用红霉素、青霉素和金霉素等,殊不知稚鳝和幼鳝对抗生素的耐药能力较弱,结果导致鳝苗贫血、红皮、摄食减退或停止觅食。严重时,还会在冬眠时死于洞中。

二、牛粪在鳝苗培育池中的妙用

在培育鳝苗的池子中，施用适量的牛粪，是一种看似无益、其实作用奇妙的好方法。

（1）在1 000米² 的鳝苗培育池中，施用牛粪1 500～3 000千克，既不污染水质，又能改善培育池中泥层的疏松度和柔软度，增强池内持久性肥力，促进水生植物的茂密生长，为鳝苗提供良好的栖息环境。

（2）牛粪作基肥，能培养大量的弱小水生生物供鳝苗食用，促进鳝苗摄取营养的多样性和全面性，促进鳝苗快速生长。

（3）牛粪施入培育池中，具有调剂泥层酸碱度的作用。据观察，在自然界水域中生长的鳝苗，很喜欢在牛粪堆边活动，并寄生于腐熟的较潮湿的牛粪场地。究其原因，也许是腐熟牛粪中的 pH 最适宜其栖身。

（4）牛粪中含有大量百草中的微量元素，适量施入鳝苗培育池，能促进鳝苗健康生长，为鳝苗防病治病，以及提高鳝苗对疾病的抵抗能力。

实践证明，在1 000米² 的鳝苗培育池中，施用牛粪2 500千克（新鲜的牛粪或腐熟的牛粪均可），能防控鳝苗肠炎、烂尾和出血等许多疾病。

有人曾对施用过牛粪的鳝苗培育池与未施用牛粪的鳝苗培育池进行过对比试验，结果表明，施用牛粪比未施用牛粪培育池的鳝苗发病率低 46％，且施用过牛粪的池子，鳝苗发病后的用药治疗效果，要比未施用牛粪的池子中的治疗效果好得多。

施用牛粪与未施用牛粪的鳝苗培育池，在同等培育条件下，产量要高12.6％。

值得注意的是，在1 000米² 的面积内，重施牛粪5 000千克，其鳝苗的产量又会下降至与未施牛粪的池子相近。由此可见，在鳝苗培育池中施用牛粪的好处虽多，但不能过量，否则"欲速则不达"。

三、鳝苗培育池中敌害生物的捕捉方法

鳝苗培育池中最难防控或捕捉的敌害生物是水蛇和泥蛙。下面来介绍几种最有效的捕捉这两种敌害物的方法：

1. 水蛇的捕捉方法　在鳝苗培育池中，常有水蛇和毒蛇吞噬鳝苗的现象

出现。水蛇，是水生蛇类的统称。如青蛇、黄蛇、灰蛇和虎尾蛇等。

水蛇是一种以捕食田鼠为主，兼食黄鳝、泥鳅、青蛙和淡水小龙虾的利多害少的动物。在消除鳝苗培育池中的蛇患时，应对水蛇采用捕捉的方法，捕捉到的水蛇，要放生于离养殖场较远一点的地方，切忌残酷打灭。

有些培育鳝苗者，由于惧怕水蛇咬人，不敢轻易去捉它。其实，水蛇一般无毒，也很好捕捉。

（1）赤手捉捕　发现水蛇后（个体重在350克以下的水蛇），捕捉者应尾随其后，缓缓追赶，撵至4～6米远，待水蛇身躯呈一条直线时，迅速用手抓其尾巴，并快速将蛇提起，这时水蛇会拼命地打勾挣扎，对此，不要惧怕，将捏住蛇尾的手，上下快速抖动15～30下，蛇会停止挣扎，此时，应迅速将其装入事先备好的笼内或袋内。

赤手捉蛇，为了绝对安全，可在捕捉时戴上一双长牛筋手套（一种冬季摸鱼用的橡皮或化学橡胶做成的，蛇咬之不破的手套），这样既可防毒蛇咬伤，又不影响捕蛇者的灵活手脚。

（2）用捕鳝夹夹捕　捕鳝夹（图2-13）由3片竹片做成。在鳝苗培育池中发现水蛇时，先用一竹竿在其头上或头前轻轻点击一下，让其蜷缩成一团，然后用1个长柄夹将蛇夹起，并随之放入备好的容器中。如果蛇的个体较大，可用2个夹子合作，捕蛇者左、右手各执1夹。一个夹子夹蛇的头下部，另一个夹子夹住蛇尾的上部（约肛门处），然后双夹合力，将蛇装入备好的容器中。

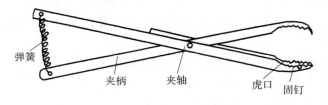

弹簧　　夹柄　　夹轴　　虎口　固钉

图 2-13　捕鳝竹夹

（3）叉捕毒蛇　鳝苗培育池中也常会出现一些毒蛇和剧毒蛇，如七寸子、烂母子、土聋子、金环子和银环子等（毒蛇的头部一般呈三角状），对此，要在保证人身安全的前提下，用多股细铁叉进行消灭。

（4）络捕旱地蛇　有些非水上生存的旱地蛇，因饥饿等原因，也会窜入鳝苗培育池捕食幼鳝，如赤链火蛇、土聋子等。这些蛇中，有的毒性较小，有的毒性剧烈。对此，可用络子捞捕。捕蛇用的络子，一般要求络网深在70厘米以上，络圈口径为30~50厘米，络柄最少不得短于3米。捕捞旱地蛇时，先将发现的"目标"用络子在其头前点击一下，使其蜷缩成一团，然后迅速用络子打捞。打捞起蛇后，要将手中的络子不停地抖动，以防蛇外逃。将旱地蛇捞出鳝苗培育池的防逃圈外时，辨其有毒无毒，有毒者灭，无毒者放。

2. 泥蛙的捕捉方法 在鳝苗培育池中，最难捕捉的敌害生物是一种泥黑色或牛粪色的麻花牛蛙。长江中游地区称之为泥蛙，其个体大小不等，常见的个体重量为100~150克，最大的个体重量可达500克。这种牛蛙的名称各地叫法不一，有称牛粪蛙、龙蛙、虎蛙、虎龙蛙和虎尾蛙的，也有些地方称之为虎泥蛙和土鸡子。

泥蛙最喜欢在浅水鳝苗培育池中栖息，它以淡水小龙虾、幼鳝、青蛙、泥鳅为主食，食量很大，捕食本领极高；它对震动的感觉能力很强，能通过震动来迅速判定敌对物的大小；它有着很高超的逃遁敌害和隐藏自己的本领，即使是1米高的防逃围网，它也能使劲跳过去；它昼伏夜出，白天很难发现其踪迹，只有在晚上夜深人静时，它才悄悄出来叫唤、活动或者静卧水面上。根据泥蛙的这些特性，捕捉时最好在是夜间进行。下面来介绍两种捕捉泥蛙的方法：

（1）打灯赤手捉捕 天黑约30分钟后，用一矿灯，对距身20~30米远的水面上探照，远照时，如发现1对较大的、像珍珠一般闪亮发光的东西，这便是泥蛙的双眼。泥蛙很善于隐藏自己，当矿灯灯光照到它时，它会迅速将身子一缩，就地没入水中一动不动。根据这一特性，当矿灯探到泥蛙时，如果泥蛙就地缩入水中（一般会就地入水不动），这时只需认准泥蛙没水地点，然后放开脚步，快速走近，就可以在浅水中清楚地看见"目标"，用手狠狠地抓起。

（2）络捕法 有些泥蛙在夜间不是出没在水面上，而是爬上坡边、埂边或堤埂上鼓叫或静卧。对此，用赤手捉捕十分困难。因为当人走进泥蛙时，它会依据震动的强弱来判定敌对物的大小，当它判定"敌人"强大时，就会猛然跳入水中，并在水中快速游动或爬行，左躲右闪，以寻找最适宜藏身的地方。一般来说，泥蛙跳入水中后，很难将其寻找到。对此，可采用络捕法。采用络捕法捕捉泥蛙，也一定要在夜间进行。络捕泥蛙时，先用矿灯远探泥蛙踪迹，发现泥蛙之后，拿一口径为30~40厘米的长柄络子，走近泥蛙3~4米处，轻轻伸出络子，将泥蛙罩住，然后赤手连络子带蛙一起抓起，装入备好的袋中。

泥蛙有益于人类，它对飞蛾、害虫有很高的捕食本领。因此，捕捉之后，不要残酷打死，最好放生于离繁育场较远一点的地方。

泥蛙肉内有一种钩螺旋体，食之对人体有害。因此，捕蛙者切勿食肉（蛙肉）。

四、妙用百草育鳝苗

在每一个鳝苗繁育场附近，都生长着几十种乃至上百种有益鳝苗的草本或木本植物。巧妙地利用这些有益于鳝苗培育的野草，能改善鳝苗的栖息环境，调控鳝鱼培育池内的水体温度，净化水质；能抗菌、抗毒，防控鳝苗疫病；能增加鳝苗生长所需的微量元素，为鳝苗催肥育壮。并在用于防治鳝苗疾病时，还具有化学渔药达不到的功效。

每一个培育鳝苗者，都应通过学习，认识自己繁育基地附近的有益鳝苗的百草，并掌握、运用其独到之处。下面主要介绍几种"妙用百草育鳝苗"的方法。

1. 鲜品浸泡法　此法主要用于防病，也可用于治病时作化学渔药的辅佐药。其方法是：将某种有治疗鳝苗疾病的新鲜草药采回后，扎成若干小捆（把），按每 1～2 米^2 面积浸泡 1 把，以防病或治病，5～7 天后捞起烂渣。如预防鳝苗出血病、软体死亡症和抽搐症，可用鲜芙蓉树嫩叶、鲜海蚌含珠、鲜墨旱莲、鲜马鞭草各 1 千克，分成几等份，扎成小把，均匀放入 20～30 米^2 的鳝苗培育池内浸泡 5～7 天后捞起。

2. 干粉撒施法　将某些晒干的草药碾成粉末，均匀撒施于鳝苗培育池中，以达到为鳝苗保健促长的目的。如取海蚌含珠干粉 100 克、墨旱莲干粉 150克、地锦草干粉 50 克，均匀混合后，撒施于 1 米^3 的水体中，可防治鳝苗肠炎、内组织出血和萎瘪症等。

3. 鲜品捣漂法　将某些鲜嫩的中草药捣烂如泥糊，取点浸入鳝苗培育池中，以达到防病治病或诱捕鳝苗的目的。如将 2.5 千克鲜嫩的辣蓼捣烂后，加适量的米酒搅拌，静放 10 分钟后，均匀取点放入 1 米^3 的水体中浸漂数日，可防治鳝苗烂肠瘟；又如，将鲜嫩的海蚌含珠 1.5 千克、墨旱莲 1.5 千克，合捶成烂泥糊，浸入 1 米^3 的水体中，5 天后可使鳝苗内脏血滞症消失；再如，刈割无毒青草 1 捆，在捆中心用一纱布包好鱼腥草与半边莲合捶成的烂泥糊，置于池内，静泡 5～6 昼夜，可以引诱鳝苗集中受捕。

4. 浓汁汤泼法　此法是将干制的中药或鲜品益鳝草药，兑水小火浓煎，开后 5～10 分钟，滤渣取汁，摊凉后全池泼洒，以达到防控鳝苗疫病的目的。

如每立方米水体取血见愁 100 克、急解索 100 克、地锦草 100 克、叶下珠 50 克、马齿苋 35 克、墨旱莲 120 克，兑水小火浓煎，开后约 8 分钟，取汁摊凉后，泼洒于 10～20 米³ 的水体中，可防治鳝苗烂尾病、肠炎、打印病、水霉病和萎瘪症等。

5. 拌食投喂法 将某些干制的益鳝草药，碾细拌食投喂鳝苗，以达到防病、治病、驱虫和催肥促长的作用。如取南瓜籽 100 克，炒香焙黄，蚯蚓 200 克也炒香焙枯，共研成粉末，拌食 3 千克，投喂 50～60 千克鳝苗，每天 1 次，连用 2～3 天，可起到驱除鳝苗体内寄生虫的作用；再如，取墨旱莲干粉 120 克、蒲公英干粉 80 克、桑叶干粉 80 克、煅蚌壳粉 15 克、淡水小龙虾干粉 150 克、天花粉粉末 18 克、鱼维素 0.3 克，拌食 8 千克，投食 100 千克鳝苗，每天 1 次，连用 15～20 天，可使鳝苗体重猛然增重 1 倍以上。

6. 池内移植法 将某些有药用价值的水生植物或浅水生植物，放养或移栽于鳝苗培育池中，以达到防控鳝苗疫病和辅助治疗鳝苗疾病的目的，如在鳝苗培育池中放养紫背萍，并保持其旺盛的生长代谢，可防治鳝苗中暑、感冒、发热症和张嘴不合症等；再如，将辣蓼、墨旱莲和海蚌含珠间植于鳝苗培育池中的水花生内或移植于池内的浅水地带，可起到防控鳝苗肠炎、出血、环境综合征和温差综合征等许多疾病的作用。

7. 热汁烫食法 此法多用于 1 龄鳝苗培育时催肥育壮，也可以用于防治鳝苗疾病。其方法是，将某些草药兑水浓煎，开后约 8 分钟，滤渣，将其热汁烫制鳝食 5～10 分钟，然后滤水摊凉投喂鳝苗，以达到破坏饲料中抗营养因子，消灭饲料中所带的病毒、病菌和虫卵，促进鳝苗对食物的消化吸收，补充鳝苗生长时所需的微量元素，提高鳝苗抗病能力、健胃生津和催肥育壮的目的。如取墨旱莲 100 克、海蚌含珠 100 克、辣蓼 30 克、车前子 50 克、地锦草 50 克、马鞭草 50 克、谷壳 40 克、蒲公英 80 克，加适量的水，小火浓煎后，取其 90～100℃ 的热汁，烫食 8～20 千克，投喂 100～300 千克鳝苗，每天 1 次，连用 20 天，不仅可以防控鳝苗肠炎、烂尾、出血、积累性中毒和萎瘪症等，而且在此短期内，可使鳝苗增重 60%～100%。

五、警惕鳝苗瘟病的暴发

鳝苗瘟病的隐匿与暴发，与自然界水域中或鳝苗培育池中的浮萍之兴衰有着密切的关联。一个有经验的繁育鳝苗者，通过察看鳝苗池中或自然界水域中的浮萍生长的好坏，就可以判定鳝苗生长情况的优劣，以及发病情况的高低。

所谓鳝苗瘟病，就是整个鳝苗培育池中的鳝苗，在短短的几天内，大量地发瘟死亡，有的甚至彻底死亡。此病暴发后传染迅速。一旦出现此病，即使治疗用药十分对路，也不可能完全回天。

鳝苗瘟病不常见，也不常发，偶尔发生在长期阴雨天或经常冷热变化的日子里。发病最多的日子是 5～6 月。9～10 月也有发生现象。

鳝苗瘟病的表现症状为：有的鳝苗头颅水肿溃烂；有的鳝苗烂皮、烂尾；有的鳝苗体表完好，但口中出血或肛门出血；还有的死鳝苗几乎将所有的细菌性病症、病毒性病症和环境综合性病症都集于一身。

鳝苗瘟病是一种综合性病症。它主要由萤光极杆菌和产气单孢菌等多种高密度的厌氧菌以及氨氮、亚硝态氮和温差等致病因素所引起，它完全是一种多因素致病的暴发性传染病。

有些繁育鳝苗者把鳝苗瘟病误认为是细菌性病症；也有些繁育鳝苗者把其看作是病毒性病症；还有些人把它看作是温差症。经验告诉我们，如果死亡的鳝苗中有 4 种以上的不同病状表现，就应考虑鳝苗瘟病的发生。

在湖北省洪湖市西四区一带的养鳝者们，经过长期的探索，掌握一种预防鳝瘟的方法。这就是在 4 月下旬至 7 月上旬天气不正常的情况下，不捕鳝、不收鳝，不为鳝苗转窝，不给鳝池换水，不在鳝池内操作，并对鳝池补施预防疾病的消毒渔药。经万人实践，行之有效。

据调查，鳝苗瘟病除最易发生在 5～6 月之外，该病还易出现在刚投鳝苗 4～7 天的池子中。这是什么原因呢？因为鳝苗在捕捞、暂养和运输时，其感染细菌、病毒的机会多，加之温差对鳝苗或轻或重的危害，投放于培育池中之后，容易产生综合性疾病，从而导致"走鳝瘟"。

一般来说，在鳝苗瘟病暴发的日子里，自然界水域中也同时会出现死鳝现象，但不那么严重。如果在发病的自然界水域中施用一些渔用杀菌和灭毒剂，其水域中的死鳝现象会明显消失。也就是说，自然界水域中的黄鳝，在发生鳝苗瘟病时，用药治疗效果明显。同样的道理，已投鳝苗于培育池中 20 天后的人工育鳝池或"两年一收"很早就投放鳝苗的育鳝池，若发生鳝瘟病，每立方米水体用 0.45 克二氧化氯全池泼洒，每天 1 次，连用 2～3 天即可转危为安。然而，刚投放鳝苗不久的培育池就不同了，一旦发生鳝瘟病，传染非常迅速，死亡率逐日成倍增加，如不及时治疗，并彻底清除病、死鳝苗，简直无法回天。

研究防治鳝苗瘟病的人，几乎遍及全国，为了帮助广大的育鳝朋友有效地预防、判断和诊治鳝苗瘟病，笔者特提供如下防控方法，以供参考：

（1）不要在阴雨天捕捞和运输鳝苗，也不要在阴雨天里为鳝苗"转窝"。

（2）在自然界水域中生长的浮萍自然衰亡的日子里，不要在鳝苗培育池中进行任何操作，也不要给鳝苗培育池换水。在严格禁止上述行为的同时，还需认真做好鳝苗培育池的消毒防病工作。

（3）改善鳝苗培育池中的环境。比如，培植茂盛的水草、多移栽些有抗毒抑菌作用的浅水生草药于鳝苗培育池中、保持周边环境安静等。

（4）在鳝苗培育池中，如发现浮萍衰亡，应首先查明原因：①是否在池内施用含氯类药物次数过多，或者用量过大；②是否在池内使用过除草剂，如野老、禾草克等；③池内是否使用过硫酸铜。如果上述三个原因都不存在，则应考虑池内阳光不足或昼夜温差太大，以及水温过高（超过 32℃）等致病因素。一旦判定准确，应立即采取防控措施。

（5）大面积防控鳝苗瘟病时，最好选用 0.45 毫克/升的二氧化氯或 25 毫克/升的生石灰；小面积防控可用中草药中的辣蓼、海蚌含珠和墨旱莲，配合 1 毫克/升的漂白粉使用。

六、利用活蚌检测水质

利用鳝苗培育池水体中的活蚌来检测水质，包括水体的 pH、细菌指数、寄生虫指数和药毒成分等，是一种简便易行、行之有效的土方法。

意欲检测某个鳝苗培育池水体的水质，先在培育池的空白水面处摸起活蚌 3～5 个（湖蚌、耳蚌、帆蚌均可），然后将蚌剖开，根据蚌的外壳、肉、鳃和肠等部位的不同情况，便可以判定培育鳝苗的水体中的各项指数和指标。

1. 有毒物质的判断　蚌张开两壳，遇刺激也难彻底合闭，放在有水的器皿中，静养 3～5 分钟，斧足完全伸出壳外，说明水体中有毒物质或药毒成分含量高，鳝苗处于被药物或被毒物的残害之中。

2. 细菌指数的判断　剖开蚌，其肉不白，说明水体中的细菌指数高。水体中的细菌指数含量较高、高和很高，在蚌肉上的表现颜色为泥色、红色和黑色。

3. 水藻指数的判断　摸起蚌，若蚌壳外表清洁，无绿色或黄色绒毛，以及无黑色堆积物，说明水体中有害藻类的含量较小，反之含量大。

4. 寄生虫指数的判断 剖开活蚌，看其鳃（或称肺）上有没有黄色小点，若有像蚁卵一样的黄色点状物，说明水体中的寄生虫和虫卵指数高。有些寄生虫（如锥体虫、蚂蟥等）和有害溞类（如锚头溞等），用肉眼可以在蚌肉内或蚌肉的生理水中看得见。对此，可根据其内寄生虫的多少，来判定水体中的寄生虫含量；也可以根据黄色点状物的多少，来判断水体中虫卵指数的高低。

5. 酸碱度的判定 蚌生长在水体中，pH 较高或较低时，它都能生存。如果蚌捞起后，偏瘦无肉，且肉质净白，说明水体中的 pH 偏高，应施适量的过磷酸钙进行脱碱；如果某池内的蚌肉呈红色或略带红色，且蚌壳漆黑，说明水体中 pH 偏低，应适量施用生石灰进行调酸。

6. 溞类指数的判定 水体中有利鳝苗生长的溞类丰富时，蚌就肥壮；有害鳝苗的溞类多时，蚌就会发瘟死亡。

7. 水体溶氧量的判断 蚌肠内无食物，向浅水处爬行或佯死不动，说明水体缺氧；反之，蚌摄食旺盛，不断地吞水吐水，说明水体中的溶氧量较高。

学会并掌握用蚌检测水质，不仅可以帮助我们检测鳝苗培育池内的水质，而且对鳝苗池外的引用水也可以进行检测。了解并掌握鳝苗池外水质的基本情况，以便准确做好消毒、灭虫以及水质的改良工作。也就是说，借助于蚌这一典型的水中生物，可帮助我们解决用肉眼观察不到的问题。

七、池水发红的原因及其处理方法

1. 池水发红的原因 鳝苗培育池中的水体发红，一般有三种原因：①大量的水花生堆集腐烂后，其腐红的糜烂物经翻动扩散至整个池水中，致使水体发红；②水体中含有大量的甲藻门藻类，如裸甲藻、多甲藻等，池水在阳光的照射下，呈棕红色。这些被称为红藻的藻类在水中一般分布很不均匀，有时会成团、成缕状分布水中，当其大量繁育时，水色会变成酱油色；③水体中有小型红虫大量繁育。

池水发红往往预示水质变坏，如不及时治理，会引发鳝苗疾病。

2. 治理方法 ①换水。特别是对红色较深的池水，应彻底更换；②花大力气，捞出池内腐烂的水草，捞干净后全池泼洒 1 次底洁爽或原子氧，借此氧化分解池中过多的有机质；③如果镜检出是甲藻门藻类繁育过多，导致水体发红，先更换池水，然后全池泼洒优加益生菌；④如果镜检发现是由红虫过多繁育导致水体发红，应先用 0.7 毫克/升的 90%晶体敌百虫全池泼洒 1 次，然后用多福可乐全池洒施或用优加益生菌全池泼洒 1 次。

在处理水体发红用药时，需严格参照使用说明书进行。如果经过处理后的水体由红转黑或混浊不清，可在 1 周之后，全池撒施 1 次强效底净。

八、鳝苗培育池中氨氮过高的治理方法

鳝苗培育池中氨氮过高，一般由池底的污泥过厚或池中腐殖质过多所致，治理氨氮过高的方法有三：

1. 物理治理　用沸石粉、麦饭石或活性炭全池撒施。因为，这类物质具有较大的分子空隙，它们对氨氮具有良好的吸附能力和离子交换能力。

2. 化学治理　用底洁爽或强效底净全池泼洒。由于此类药物中含有强氧化因子，能有效地分解池底的各种有机物，使池水保持富溶氧状态，故使用后能从根本上解决氨氮的产生和积累问题。

3. 生物治理　用优加益生菌或多福可乐全池泼洒，能净化水质，控制水体中厌氧菌的繁衍，从而阻止氨氮的产生。

此外，定期 15 天 1 次露晒池底 1～2 昼夜，也可以从根本上治理鳝苗培育池中过高的氨氮，以及亚硝态氮和硫化氢等。

九、不宜在鳝苗培育池中使用的药物

1. 红霉素　红霉素是国家禁用的渔药，鳝苗内服后，很容易使稚鳝和幼鳝产生抗药性。

2. 硫酸铜和硫酸亚铁　此类药物大都为工业原料，毒性大，残毒期长，鳝苗摄入或表体渗入后，易产生肝脏损害或积累性中毒。

3. 大蒜素　此药的刺激气味特浓，对鳝苗的嗅觉损害严重。

4. 诺氟沙星　此药在鳝苗培育池中使用 2 次或 1 次使用过量时，会导致水葫芦的株体由碧绿转为雪白。

5. 甲基睾酮　此药属国家严禁使用的渔药，鳝苗口服后，在体内会长期积蓄，直至长成成鳝，人食用后，都会影响健康。

6. 呋喃唑酮　此药属国家严禁使用的渔药。因其使用后，会致使鳝苗上肠道与下肠道之间的"节"堵塞梗阻。长期使用此药为鳝苗治疗疾病或预防疾

病，鳝苗体内会出现奇特的肿瘤。

7. 强氯精　此药用于成鳝防病治病无可非议，但用于幼鳝易引起鳝苗培育后期患积累性中毒症。其原因主要是在水体中使用后，氯残留量过高。

8. 食盐　在治疗鳝苗水霉病时，最好不要使用食盐（氯化钠），因为水体中的食盐含量过量，会降低鳝苗对疾病的抵抗能力。此外，对鳝苗也不要采用盐水药浴。取代食盐为鳝苗治病的药物是二氧化氯。

十、鳝苗安全运输良法

鳝苗运输方法的正确与否，直接影响鳝苗的质量。一种不按科学运输鳝苗的方法，其潜在的隐患是每一个养鳝者都十分担扰和惧怕的事情。下面来介绍几种鳝苗安全运输良法：

1. 车运　用车辆运输鳝苗最大的危害是震动。震动的强度越大，震动的时间越长，鳝苗的生理机能就越是破坏严重。为了减轻车运鳝苗时的震荡，可在装有鳝苗的容器中，放一层厚约15厘米的柔软水草，如田字草、细嫩的水花生等，借此，削减一部分震波，阻止容器中的水波激荡。如果所选取的水草较坚硬，可以用脚使劲地踩一踩，然后洗净再放入运输鳝苗的容器中。

如果车运鳝苗的路线太长，在装运鳝苗时，还必须在车上铺垫一层厚20～30厘米的防震草（稻草、玉米梗等），然后将装有鳝苗的容器放置于防震杂草上，借此减轻或消除强烈的颠簸。

2. 袋运　用无毒的软塑料袋装运鳝苗的最大危险是：袋内温度在日照的情况下，会猛然升至鳝苗不能忍受的地步。对此，可采用"双袋运输法"。所谓双袋运输，就是首先将装有鳝苗的软塑料袋系好口，放入蛇皮袋内，然后把适量浸湿过的青草，放入蛇皮袋中，使湿青草把软塑料袋团团围住。如此包装后运输鳝苗，在阳光直射蛇皮袋时，袋内的湿润青草会吸收一部分热量，从而达到安全运输的目的。

3. 篓运　无论是竹篾还是用编织带做成的鳝篓，它们在运输鳝苗时，都有损伤鳝苗表体黏液的缺点。对此，可以在鳝篓的底部和篓围上擦一些黄稀泥，也可以用1～2个鸡蛋，打成糊状，涂抹在篓底和篓围上，以此增强篓底和篓围的光滑度，保护鳝苗的黏液不受损害。

4. 人工挑运 人工挑运鳝苗，是一种比较安全的运输方法。其优点是震动小，运输工具不受限制。但运输的速度较慢，运输的时间较长。因此，运输时要注意在挑运的工具上遮阴，以防强烈的阳光照射，使鳝苗产生温差和高温危害。此外，在人工挑运鳝苗时，最好少用些水或不用水，以免水波激荡，引起鳝苗晕迷窒息死亡。

第 三 章
鳝苗疾病的预防与治疗

第一节　鳝苗疾病的"维生态"防治

所谓鳝苗疾病的维生态防治，就是对鳝苗疾病实行无公害、绝对安全和健康的防治。它包括选用无公害化学渔药防治鳝苗疾病，利用无毒副作用的中草药预防、治疗或辅助治疗鳝苗疾病，利用有益生物防控或治疗鳝苗疾病，以及改良养殖环境防控和消除鳝苗疾病等内容。换句话说，维生态防治鳝苗疾病，在选用防病治病药物时，要严格遵照国家安全、健康食品的生产标准，去选用无残留、无体内积蓄、无二次感染、分解迅速、毒副作用小、无强烈刺激的化学渔药和中草药等。

维生态防病治病是一新词语，也是一个新课题。这一课题，尚须广大的养鳝工作者们去研究、去探索、去实践和去总结。

本书介绍鳝苗疾病的维生态防治，是作者几十年来潜心研究中草药防治鳝病、利用有益生物防控鳝病，以及借助改良养殖环境去消除鳝病经验的总结。

一、鳝苗疾病的类别

常见的鳝苗疾病，可分为五大类：

1. 细菌性疾病　常见的有烂尾病、腐皮病、水霉病、肠炎和出血病等。

2. 真菌性疾病　主要有梅花斑状症（打印病）、白头白尾病和白皮症等。

3. 寄生虫性疾病　鳝苗寄生虫性疾病分三类：①肠道寄生虫病，主要有小瓜虫（棘头虫）和发丝虫（毛细线虫）等；②血液寄生虫病，主要有隐鞭虫等；③表体寄生虫病，主要有锥体虫和蚂蟥（水蛭）等。

4. 环境综合征　常见的有温差症、萎瘪症、发热症和昏迷症等。

5. 中毒症 主要有酸碱中毒、抗生素中毒、化学药物中毒、化肥中毒、积累性中毒和有害物质中毒等。

了解并掌握鳝苗疾病的种类，有助于我们准确判定鳝苗疾病，以利对症下药，使鳝苗有病早治，早治早愈。

二、引发鳝苗疾病的因素

生长在自然界水域中的鳝苗几乎不发病，但在人工培育条件下，因密度、操作和环境等因素，常出现许多疾病。主要原因有：

（1）池底的污泥过厚，或淤泥未经过消毒处理。

（2）换水时，池内与池外水体的温差过大（超过±3℃）或昼夜池水温差过大（超过±12℃）。

（3）水质达不到水产养殖的标准。

（4）食物不清洁或不新鲜。

（5）鳝苗从黄鳝贩子手中购得（鳝苗的生理机能遭受了严重的破坏）。

（6）天敌危害或自相残杀。

（7）施药次数过多或用药量太大。

（8）环境嘈杂，震动频繁。

（9）清残不及时。

（10）投喂了变质的蚯蚓。

（11）鳝苗池内荫蔽太重或光照不足。

（12）过量使用红霉素、青霉素等抗生素。

（13）水体中的 pH 长期偏高或偏低。

（14）有毒的浅水植物误植池中。

（15）投食过多或长期不投食。

（16）没有定期做好灭虫和消毒工作。

（17）随意翻动或经常翻动池内的水生植物。

（18）鳝苗池内的水温过高（超过 32℃）。

（19）鳝苗池内的水生植物太少。

（20）高地建池。

（21）使用硫酸铜用量过大或用药次数过多。

（22）引用外源水的水体含虫卵、细菌或药毒物质过高等。

三、鳝苗发病时的表现症状

1. 细菌性病症　摄食减退、反应迟钝、长白毛、烂头、烂尾、烂皮、头颅臃肿、肛门红肿、身体某部位出血或内组织出血等。

2. 真菌性病症　皮肤上有状如梅花的圆斑点、白头、白尾和局部皮肤出现白斑。

3. 寄生虫性病症　鳝苗贫血、转游或圈游，自己咬自己、口内充血、体色灰暗、滚动挣扎、相互咬斗或蜷曲抽搐等。

4. 环境综合征　鳝苗体表黏液增多或脱落，相互缠绕，裸露于水生植物上昏睡，软体死亡，瘦弱萎瘪，张嘴不合，拒食或觅食不旺等。

5. 中毒症状　鳝苗头乌出血，突发性死亡，两鳃流血，肛门溢血，表体黏液脱落或身体不光滑，活动无力或将尾巴不断地快速伸出水外，仰肚皮和静卧水生植物上等。

四、细菌性疾病的防与治

1. 水霉病　又称白毛病、白霉病。此病是常见的鳝病之一，一年四季均可发生，以春、冬两季发病率最高。因为春季是捕捞、购买鳝苗和为鳝苗"转窝"的时期。这时期的鳝苗由于捕捞、操作和运输等原因，导致创伤较多，容易感染水霉病；在冬季，鳝苗入蛰冬眠，活动停止，因池内湿度大，荫蔽重，光照不足，使得鳝苗长白毛。

鳝苗一旦感染了水霉病，便会急躁不安，由于其白毛霉菌大量繁育，吸取鳝苗的营养，使鳝体肌肉松弛糜烂，严重时终因不摄食、活动能力丧失而死亡。

【预防方法】春季捕捞、运输或为鳝苗"转窝"时，要尽量减少损伤。鳝苗"转窝"后，用1毫克/升的漂白粉全池泼洒1次，以作"送嫁药"；冬季鳝苗入蛰后，要抢晴天，揭去防寒覆盖物，每月露晒池底2次左右，每次2~3天。

【治疗方法】①每立方米水体用30克生石灰化稀浆，趁热全池泼洒1次；②每立方米水体用0.3克二氧化氯全池泼洒，每天1次，连用3天；③每立方米水体用消毒王片剂0.4克化水全池泼洒，每天1次，连用3~4天。

2. 烂尾病　又称赤皮病或擦皮症。病鳝主要表现为尾梢溃烂，一年四季均可发生。发病迅速，传染快，死亡率高。这种病是由产气单胞菌侵入鳝体所致。病鳝活动迟缓，反应迟钝，常将头伸出水面不动，表体黏液脱落严重。死鳝口腔溢血。

【预防方法】①定期更换池水；②每15天用25毫克/升的生石灰或0.3毫克/升的二氧化氯对池水消毒1次；③经常对鳝鱼池外的引用水，用1.4毫克/升的漂白粉进行消毒。

【治疗方法】①每立方米水体用1.4克漂白粉，化水全池泼洒，每天1次，连用3～4天；②取地锦草鲜品适量，扎成若干小把，浸泡于池水中，5～6天后捞起残渣，以作辅助治疗；③每立方米水体用0.4克二氧化氯全池泼洒，每天1次，连用3天。

3. 烂皮症　又称腐皮病或细菌性皮肤病。一年四季均可发生，以阴雨连绵的日子发病率最高。病鳝主要表现为皮肤上有各种不规则的溃烂伤口，严重溃烂时，可见骨骼和内脏。此病主要由萤光极杆菌感染鳝体所致，其传染性极大。

【预防方法】①"转窝"前，每立方米水体用35克生石灰，化稀浆趁热对苗床消毒1次；②设法增强苗床日照；③不要采用沟渠塘堰中的淤泥作苗床的土层；④冬季每月露晒池底2次；⑤在无鳝苗的培育池中，利用冬闲期彻底清淤；⑥鳝苗培育池外的引用水，要经常用漂白粉消毒；⑦鳝苗培育期间，勤换池水；⑧定期15天对池水进行1次消毒。

【治疗方法】①每立方米水体用0.3克二氧化氯全池泼洒，每天1次，连用3天；②每立方米水体用1.4克漂白粉全池泼洒3次，每天1次；③取地锦草、河白草各等份，扎成若干小把，均匀取点浸入池水中，作辅助治疗，5～7天后捞起残渣。

4. 打印病　又称梅花斑状症。病鳝主要表现为皮肤上有状如梅花的圆形病斑。此病属真菌性疾病，传染不快，但治愈困难，治愈后容易复发。

【预防方法】①在有真菌病迹象的池子中，选用生石灰作定期消毒药物；②每月用漂兰叶（土大黄）鲜品2千克，捣烂后浸泡1米^{3}的池水中1周；③有意在池内放养大量的蟾蜍蝌蚪（早春时节，大量集结如云，在水中翻滚的蝌蚪）。

【治疗方法】①按10米^{2}面积（水深20～40厘米），取性腺成熟的蟾蜍2只，放入2千克人尿中浸泡12小时后，取出蟾蜍，让其逃生，然后在人尿中加入3～4克漂白粉进行泼洒，每天1次，连用3天；②每立方米水体用0.4

克二氧化氯全池泼洒，每天 1 次，连用 4 天，与此同时，每立方米水体取土大黄 2 千克，捣烂后浸泡于池水中，作辅助治疗。

5. 肠炎 鳝苗肠炎主要是吃了不干净的食物所致。4～10 月均可发生。病鳝反应迟钝，拒食或摄食量明显减少。严重时，体表呈青黑色，肛门红肿，用手挤压病鳝腹部，有脓血状黏稠溢出。

鳝苗肠炎是一种多发病和常见病，一般化学渔药在治疗或预防这种病时，不仅效果不及中草药，而且长期使用，对鳝苗的肝脏损害严重。因此，防治鳝苗肠炎时，应以中草药为主，化学药物为辅。

【预防方法】①在鳝苗池中移植些辣蓼、海蚌含珠和墨旱莲；②经常用辣蓼、海蚌含珠和墨旱莲煎浓汁，趁热烫制食物投喂鳝苗；③保证鳝食的新鲜、清洁和绝对卫生；④经常用多福可乐拌食投喂鳝苗。

【治疗方法】①取辣蓼、墨旱莲和海蚌含珠各等份，扎成若干小把，均匀取点浸入池水中，5～6 天后捞起残渣；②取地锦草 500 克、海蚌含珠 300 克、墨旱莲 600 克，兑水小火浓煎，开后约 8 分钟，取其热汁，烫制食物 40～50 千克，投喂鳝苗，每天 1 次，连用 4～7 天；③取干地锦草 100 克、干墨旱莲 150 克，共碾成粉末，拌鳝苗饲料 4～8 千克，投喂 100 千克鳝苗，每天 1 次，连用 4～7 天；④用诺氟沙星 20 克，拌食 40 千克投喂鳝苗，每天 1 次，连用 3～4 天（用诺氟沙星拌食投喂，一般不会影响水葫芦正常生长）。

6. 出血病 又称败血症。它是 20 世纪 90 年代初期发现的一种传染性很强的鳝病。该病主要由产气单胞菌感染鳝体所致。

若对健康的鳝苗采用人工接种产气单胞菌毒株，健康的鳝苗随即发病，其发病症状与培育池中出血病病鳝症状完全相同。检查病鳝，可见皮肤出血；解剖病鳝，可见内部各器官出血，肝脏损害严重，血管壁变薄或者破裂。

【预防方法】①每逢阴雨连绵的日子，每立方米水体用 0.3 克二氧化氯全池泼洒 1 次；②经常对鳝苗培育池外的引用水体进行消毒；③在苗床上的浅水地带，适量移植些辣蓼、墨旱莲、海蚌含珠、水慈姑和乌龙冠等。

【治疗方法】①每天早晨用 1 毫克/升的漂白粉全池泼洒一遍，晚上用辣蓼、海蚌含珠和墨旱莲煎浓汁泼洒 1 次（用量为每立方米水体辣蓼 150 克、海蚌含珠 200 克、墨旱莲 100 克，均用干品。如果用鲜品，用量加 1.5 倍），连续用药 4 天；②每天早晨取芙蓉树嫩叶鲜品 50 克、鲜仙鹤草 50 克、鲜茅草根 50 克、鲜小蓟草 50 克、鲜海蚌含珠 100 克、鲜地锦草

40 克，兑水小火浓煎，开后约 8 分钟，取汁摊凉，泼洒于 1 米³ 的水体中，晚上每立方米水体用 0.4 克二氧化氯全池泼洒一遍，连续配合用药 3～4 天；③取鲜仙鹤草、鲜血见愁、干墨旱莲、鲜地锦草各等份，扎成若干小把，均匀取点浸泡于池水中，作辅助治疗，5～7 天后捞起残渣；④每 100 千克鳝苗用诺氟沙星 2～3 克，拌食 4～6 千克投喂，每天 1 次，连用 5 天，作辅助治疗。

出血病是一种很易防控的疫病，只要定期 15 天做好 1 次鳝池内、外水体的消毒工作，加强食物的卫生监制，就可以预防或控制该病的发生。

五、寄生虫性疾病的防与治

鳝苗寄生虫性疾病有三种，即肠道寄生虫、血液寄生虫和表体寄生虫。对于不同的寄生虫病，应采取相同的预防方法和不相同的治疗措施。

【预防方法】①定期 30～31 天，每立方米水体用 90% 的晶体敌百虫 0.62～0.7 克，全池泼洒一遍；②定期 15 天用 25 毫克/升的生石灰，化稀浆趁热全池泼洒一遍（敌百虫与生石灰的使用时间要错开 1 周左右）。

【治疗方法】

1. 肠道寄生虫　主要有棘头虫（小瓜虫）和毛细线虫（发丝虫）等。病状主要表现为黄鳝身体瘦弱、食欲减退、窜游、狂游、转游或圈游，有的病鳝还会抽搐和滚动挣扎，甚至自己咬自己。解剖病鳝，可见肠道内有状如蝇蛆或头发丝一样的虫子。

治疗用药最好选用人用的阿苯达唑（史克肠虫清）20 片，研细，拌食 20～30 千克，投喂 500～600 千克鳝苗，每天 1 次，连用 2～3 天。

2. 血液寄生虫　主要是隐鞭虫寄生于鳝苗的血液中，导致鳝苗贫血死亡。该病全年均可发生。病鳝常将身躯全部裸露于水生植物上。

治病时，每立方米水体取鲜辣蓼 1～1.5 千克，捣烂，放入较大的容器中，加适量的水浸泡 12 小时后，再放入 1.4 克漂白粉，均匀搅拌后，全池泼洒，每天 1 次，连用 4 天；如果病情特别严重，可谨慎使用 1 次硫酸铜与硫酸亚铁合剂，配比为 5∶2，用量为每立方米水体 0.62～0.7 克。

3. 表体寄生虫　主要有锥体虫和水蛭等。每立方米水体用 90% 的晶体敌百虫 0.65 克，全池泼洒 1 次即愈；也可以用 0.3～0.45 毫克/升的氯氰菊酯，全池均匀泼洒 1 次。

六、特殊疾病的防与治

1. 咽腔炎 鳝苗咽腔充血发炎，多由细菌引起，极少数由寄生虫引起。目前这种病十分流行。

鳝苗咽腔炎的表现症状多样：有的病鳝将臃肿的头颅长时间伸出水面；有的2条病鳝相互口咬口，且长时间不放；还有的病鳝咬草、咬泥和咬人。其共同的病状表现是：入洞迟缓或根本不入洞穴。此病严重时，常伴有烂肠瘟和败血症发生，如不及时治疗，会导致大量的鳝苗死亡。

【预防方法】①坚持定期做好消毒工作；②经常用"鳝病灵"或多福可乐拌食投喂鳝苗；③始终把鳝池之水控制在32℃以下。

【治疗方法】①每立方米水体取辣蓼150克、海蚌含珠150克、墨旱莲200克（均用鲜品），兑水小火浓煎，开后约8分钟，取汁摊凉，全池泼洒，每天1次，连用4天；②取鲜辣蓼3千克，捣烂后加人尿2～4千克，浸泡2小时后，滤渣取尿，泼洒于1米³的水体中，每天2次，连用3天；③取鲜土牛膝适量，扎成若干小把，浸泡于鳝苗培育池水体中，5天后捞起残渣；④大面积发病时，用二氧化氯A、B激活剂0.3～0.4毫克/升，全池泼洒，每天1次，连用3天。

 **资料** **土　牛　膝**

植物名：牛膝。

别名：土牛膝、银珠草、红牛膝。

形态特征：多年生草本植物。茎直立，四棱形，节部膨大如牛的膝盖。根肉质，多数，圆柱形，土黄色。叶对生，椭圆形或披针形。夏季开花，花细小，绿色，密集于茎顶排成穗状。果有刺（图3-1）。

生长分布：生于路旁、屋边和荒地。

药用部分：全草。

采收季节：夏、秋两季。

加工贮存：晒干备用。

图3-1 土牛膝

作用：①每年的 5 月期间，取其鲜品 5 千克，浸泡于 10 米³ 的鳝池中，5～7 天后捞起残渣，再换新鲜的土牛膝浸泡 5～7 天，可促进黄鳝雄化；②该品无论是鲜用还是干用，对黄鳝臃头症和咽腔炎都有较好的疗效。

2. 硫化氢中毒　鳝苗池内硫化氢是由池底的有机物、鳝苗的排泄物和残食等物质在腐烂的过程中产生出来的一种有毒的气体。

硫化氢气体能使鳝苗表体黏液很快溶解，导致鳝苗缺氧麻痹窒息死亡。发病较轻时，有鳝苗浮头或不入洞穴的症状；较重时，大量的鳝苗软体死亡，并沉没于水底或裸卧水生植物上。

【预防方法】①勤换水，保持水质清新；②经常向池水内施用多福可乐；③有计划地排干池水，露晒池底 1～2 昼夜。

【治疗方法】①在水体中适量添加些活性酵素，使其吸收水体中的氨态氧、硫化氢、亚硝酸盐和甲烷气体等有机废物，减少水中的化学耗氧量；②每立方米水体用 25 克生石灰，化稀浆全池泼洒；③病情严重时，彻底排干池水，露晒 2～3 昼夜，复水后，施用多福可乐 5 毫克/升。

3. 瞎眼病　黄鳝双眼退化无光，虽然其不需要用眼睛觅食视物，但其双眼或单眼若出现不正常现象，则是患复口吸虫病的征兆。

复口吸虫，又称黑点病，病原体为复口吸虫的尾蚴和囊蚴。病鳝表现为白内障和瞎眼。眼眶渗血，体表灰暗呈黑点、黑斑，不入洞穴，游态常为挣扎状，染病后 4 天左右死亡。

【预防方法】①定期做好灭虫工作；②投苗前对培育鳝苗的池子彻底清塘，以消灭池中的实螺和钉螺（用药最好选用黄粉，施药后有较长的残毒期）；③彻底杀灭池中的泥青苔和芸苔。

【治疗方法】①每立方米水体用 1.5 克漂白粉全池泼洒，每天 1 次，连用 3～4 天；②每立方米水体用富氯 0.2 克，全池泼洒，每周 1 次，连用 2 周；③病情特别严重时，谨慎使用 1 次硫酸铜，用量为 0.65～0.7 毫克/升。

4. 萎瘪症　鳝苗萎瘪症主要表现为头大、颈细、躯干小。病鳝不仅体重明显下降，而且体长明显缩短。

导致鳝苗萎瘪症的原因很多，如长期饥饿；水体 pH 长期偏高；养殖环境极差；投放密度过大等。

【预防方法】①坚持每天投喂食物；②改善鳝苗栖息环境；③降低培育密

度；④尽量少施或者不施用硫酸铜和硫酸亚铁。

【治疗方法】①每立方米水体取怀胎草（再生稻草）100 克、车前草 100 克、墨旱莲 150 克、天花粉 40 克、神曲 1 块，兑水小火浓煎，开后约 8 分钟，滤渣取汁，摊凉后全池泼洒（也可用其热汁烫食投喂），每周 2～3 次，连用 4 周；②加强饲养管理，增加饲料的营养性和多样性；③不投喂生粮食饲料；④经常用多福可乐拌食投喂鳝苗。

5. 白露症 又叫温差症和感冒，因此病多发于白露前后，故称白露症。

白露症的发病原因有三个方面：①白露前后，昼夜温差太大（超过 12℃）；②换水时池内与池外两者水温差距太大（超过 ±3℃）；③冷空气南下或大风降温天气时，气温在短时间内下降幅度过大。

白露症不只是发生在白露期间，在暮春时节、梅雨季节或陡冷暴热天气情况下，也时有发生。病鳝有的口含淤泥，有的肠内积累着许多食物。大多数死鳝都有体表黏液脱落和体表不光滑的症状。濒临死亡的病鳝，身体僵硬，用手提起不打勾。解剖病鳝，其血殷红，下肠道无黏稠物。

【预防方法】①暮春时节、梅雨季节和白露前后，要保持池水 20～30 厘米深，在恶劣天气情况下，要保持鳝池水位 30～40 厘米；②当水温上升至 30℃以上时，在水面上放养一定密度的紫背萍；③若遇恶劣天气，不要驱动池水，也不要更换池水；④换水时要检测池内、外两者的水体温度，并把换水的时间定在 8：00～9：30。

【治疗方法】①用清洁、无虫卵的生蚌肉投喂鳝苗；②每立方米水体用辣蓼 2 千克、紫苏 2 千克、野薄荷 1 千克，扎成小把，浸入池水中，泡 3～5 天后捞起；③保持池水有 3/4 面积的出水植物覆盖；④每立方米水体用辣蓼 150 克、海蚌含珠 150 克、墨旱莲 200 克，煎浓汁全池泼洒。

 **资料　　　紫　苏**

植物名：紫苏。

别名：红紫苏、苏叶、野紫苏等。

形态特征：一年生草本植物。全株有芳香。茎近四方形，四面有槽，直立，多分枝，绿色或红色。叶对生，有长柄，卵圆形和长卵圆形，边缘有锯齿，上面绿色，背面紫色或淡红色，密生枝梢或腋生。9～10月结果，小坚果倒卵圆形、褐色，有网状皱纹，含有油质（图3-2）。

生长分布：生于路旁和荒地。许多地区有本品栽培，也有许多地区有本品分布。

药用部分：全草。也用种子（苏子）。

采收季节：夏、秋两季。

加工贮存：晒干备用。

作用：①用其鲜品扎成若干小把，浸泡于养蚌的池水中，可防治蚌瘟病；②用其干品50～80克，与鲜浮萍200克（最好是紫背萍）、鲜羊蹄草250克合煎浓汁，泼洒于1米³的水体中，可起到解毒、消炎的作用；③防控鳝苗白露症，与辣蓼、墨旱莲等药合用；④养鳝者被黄鳝咬伤，可用其鲜品捣烂后外敷伤口。

图3-2　紫　苏

七、选用鳝药的诀窍

1. 定期消毒药物的选用方法　鳝苗培育池中，在选用定期消毒药物时，要坚持以生石灰或二氧化氯为主，中、后期可酌情选用漂白粉或强氯精等杀菌剂的原则，以防早期使用氯类消毒剂次数过多，致使鳝苗产生积累性中毒。

2. 定期灭虫药物的选用方法　鳝苗培育池中，要坚持定期30～31天做好1次灭虫工作。在选用药物全池泼洒时，一般选用90%的晶体敌百虫；如果在鳝池中出现鳝苗贫血死亡现象，则应改用5：2的硫酸铜与硫酸亚铁合剂（调准剂量、谨慎操作）；在防控鳝苗肠道寄生虫病时，最好每月使用1～2次阿苯达唑拌食投喂。

3. 治病药物的选用方法　在治疗鳝苗疾病时，要根据不同的情况，灵活使用与之相适应的药物。在选用药物时，要考虑下列几个方面的因素：

（1）根据定期消毒和定期灭虫的用药情况选用治病药物　治疗鳝苗疾病的药物多种多样，不同的药物，其酸碱性也各不相同，在使用时，如果间隔的时间较短，会因药物的相互作用，削减药效或增大药物的毒性。如某月1日施用过生石灰，2日或3日发现水体中有大量的锥体虫，需要使用敌百虫，这时应考虑敌百虫遇碱后生成毒性更强的物质的问题。对此，可用中草药暂时控制病情，推迟3～5天后再使用灭虫药物，或者考虑换水后施药。

（2）根据鳝池内长期用药情况选用治病药物　在某鳝苗培育池内，如果长期使用某一种或某一类药物，会降低用药效果或造成鳝苗患积累性中毒症。因此，每一个繁育鳝苗者，都应对鳝苗全培育期的用药情况做好记载，根据记载的情况，合理推敲，不拘一格地选用治病药物。

（3）根据季节选用药物　一般来说，春季最好选用基本无残毒的药物，如生石灰、二氧化氯和中草药等；夏季水温高，阳光强烈，最好选用刺激性较小的药物，对于漂白粉、敌杀死和硫酸铜这样刺激性较强的药物，要慎用或不用；秋季是鳝苗发病最为频繁的季节，这时应选用治病作用较强的药物。

4. 用药诀窍

（1）选择有代表性的药物为鳝苗防病治病。

（2）根据季节、天气、水温以及病情的轻重等情况，适当调整用药量或增减用药次数。

（3）养殖前期，最好不要使用药物残留期长的药物。

（4）注重治病用药的连续性。

（5）注重经常使用中草药。

（6）注重中、西、化三种不同类别的药物的联合使用或穿插使用。

（7）注重外（浸泡与水体泼洒）与内服（拌食投喂）相结合。

（8）注重治病用药与改良环境相结合。

此外，不要忽视有益生物对鳝苗的防病治病作用，以及辅助治疗鳝病的作用。

资料　　黄鳝防病散的制作

配方： 墨旱莲100克、海蚌含珠100克、细叶辣蓼75克、蒲公英100克、地锦草75克、芙蓉花50克、怀胎草（再生稻草）70克、天花粉50克、车前子50克、桑叶50克、马鞭草40克、半边莲40克。

制法： 将以上干品共碾成细末或用粉碎机粉碎成细末，以800克为1袋，用塑料袋装好封严备用。

作用： 增加鳝体的微量元素，提高黄鳝对疾病的抵抗能力，抗菌止痢，凉血止血，健胃消食促长。

用法：①撒施。每10米³水体1袋，20～30天1次。可防控黄鳝出血病、软体死亡征、抽搐症和肠炎等。②煎浓汁全池泼洒。取自制"黄鳝防病散"1袋，兑水4千克，小火浓煎，开后约8分钟，起锅摊凉，泼洒于10米³的水体中。防病15天1次，治病时可连续使用4天，一般每天使用1次。可防治肠炎、烂肠瘟、烂尾、产卵出血、怀卵不产、怀卵不化、内组织出血以及发热症、昏迷症和萎瘪症等。③煎浓汁烫制鳝食。取自制的"黄鳝防病散"1袋，加适量的水，小火浓煎，开后约8分钟，连汤带药一起烫制4～12千克食物，投喂100～200千克鳝苗，每天1次，连用7天为一个疗程，可起到防治鳝苗肠道疾病和催肥促长等多种作用。

第二节　鳝苗防病治病药物的使用方法

一、生石灰的使用方法

生石灰，又叫灰梗、氧化钙等，它是良好的水质改良剂、水体消毒剂和底质养护剂。生石灰施在鳝苗繁育池水中，能杀灭各种病原体；能澄清水体，使悬浮的胶状有机物胶结沉淀；能使池水矿化、分解和释放出淤泥中吸附的氮、磷和钾等元素，增加水体肥力，从而促进天然活饵的快速繁育和生长。生石灰遇水变成氢氧化钙后，又吸收二氧化碳成为碳酸钙沉淀。碳酸钙能使淤泥成疏松结构，改善池底泥层的通气条件，加速细菌（特别是有益微生物）分解有机物。碳酸钙还能与水中的二氧化碳、碳酸形成缓冲作用，保持水中酸碱度的稳定性，有利鳝苗正常发育和生长。同时，生石灰中的钙元素，还可以作为水生植物（这里主要指浮萍、水花生和凤叶萍）不可缺少的元素被利用。

尽管生石灰用于鳝苗培育池中有许多好处，但在使用时必须做到如下几点：

（1）每立方米水体的用量在20～25克。最少不得低于20克，最多不能超过25克。

（2）不能与含氯类消毒剂混合使用，也不能与含氯类消毒剂同时使用。否则，两者会产生颉颃作用，降低使用效果。正确的使用方法是两者相隔5天以上。

（3）使用生石灰全池泼洒时，应趁热泼洒，否则会降低杀菌和消毒效果。

（4）较硬的池水（pH＞7，如新开池塘等）不要使用生石灰。

（5）久置的生石灰灰团，先用热水化开。

（6）生石灰不能与敌百虫同时使用。

（7）每间隔15天左右使用1次。

此外，市场上还有一种叫白云石粉的药物出售。白云石粉主要成分为碳酸钙和碳酸镁，其作用与生石灰基本相同，但功能和功力较弱，一般不在鳝苗培育池中使用。

注意：市场上还有一种由石灰石直接粉碎而成的农用石粉，鳝苗培育池中也不宜使用。

二、如何使用有益微生物制剂

使用有益微生物制剂，是广普繁育鳝苗的重要防病手段。在仿自然繁育鳝苗的苗床中，一般都存在残饵和鳝苗的代谢物污染水体的问题。对此，选用有益的微生物制剂，可快速分解这些有机物，减少可降低水体污染指数。

实践证明，在培育幼鳝的池子中，定期或不定期地使用有益微生物制剂，可防止池底（鳝苗的窝床）恶臭，抑制病原体滋生，并有利于鳝苗的健康快速生长。

目前，市场上的有益微生物制剂种类很多，如光合菌、硝化菌、酵母菌类、芽孢杆菌类、益生素、双歧杆菌制剂和反硝化菌等几十种。通常，我们把这些有益微生物制剂分为两大类：一类是利用光能的光合细菌；另一类是有益的化能异养细菌。光合细菌在鳝苗培育池中应用较多的是红螺菌科的菌种，它们兼有三种获能方式：一是能在无氧有光条件下，由光合磷酸化取得能量；二是在有氧无光条件下，由氧化磷酸取得能量；三是部分种类能在无氧无光的条件下，以发酵或脱氨的方式取得能量。光合菌可以迅速净化水质，平衡水体或鳝苗培育床的酸碱度。定期15天或20天施用1次，可达到减少或降低发病指数的目的。化能异养细菌，在环境保护、水质净化方面，有很好的功效。特别是池底淤泥深厚的鳝苗培育池，与沸石粉合用，效果最佳。目前，市场上常见的菌种有芽孢杆菌属、乳杆菌属、硝化杆菌属和亚硝化单胞杆菌属等菌株。这些细菌有好氧的、厌氧的和兼性厌氧的，能利用蛋白质、糖类、脂肪等大分子有机物、酚类、氨和有机酸等分解为小分子，再由细胞吸收利用。因此，此类有益细菌进入鳝苗培育池中后，能发挥其氧化、氮化、硝化、反硝化、硫化和固氮等作用。把鳝苗的排泄物、残饵等有机物迅速分解为二氧化碳、硝酸盐、磷酸盐和硫酸盐等，为单细胞藻类提供营养，促进单细胞藻类在鳝苗培育池中繁育生长，为池水"活"、"嫩"、"爽"奠定基础。同时，单细胞藻类的光合作用又为有机物的氧化分解，微生物的呼吸和鳝苗的呼吸提供氧气。鳝苗培育池中，每15～20天施用1次此类活菌制剂，可保持良好的水色，为鳝苗营造良好的栖息场所。

注意：①在使用有益微生物制剂的同时，不要使用消毒药品和抗菌药物；②各种有益微生物制剂因其含菌量各不相同，故在选用时，应参照其产品说明书进行；③有益微生物制剂中有些产品只能泼洒于水体，有些产品可以拌饲料投喂，选用时须详读使用说明；④有益微生物制剂一般只作预防用药。

资料　　　　光合细菌的培养方法

光合细菌是细菌中的一大类，是在厌氧条件下进行不放氧光合作用的细菌总称。目前，应用于水产养殖业的光合细菌主要是红螺菌科的一些种类。光合细菌生长繁育旺盛，培养条件要求不高，施用对象对菌液纯度要求不十分严格，因而适合在普通条件下生产。

1. 培养基　目前，生产光合细菌的培养基有许多种配方，下面介绍两种：

【配方一】磷酸二氢钾0.5克，硫酸镁0.5克，乙酸钠3克，酵母膏2克，无菌水1 000毫升。

【配方二】磷酸二氢钾0.5克，硫酸镁0.5克，硫酸铵1克，乙酸钠2克，酵母膏2克，无菌水1 000毫升。

2. 培养方法

（1）容器和工具消毒　培养光合细菌的容器，一般选择透明或白色易密封的容器，大量培养可用50升的透明或白色清洁的塑料桶或农用薄膜袋等。常用的消毒方法是：①煮沸工具和容器；②将容器或工具沥干水，放入烘箱中，关闭烘箱门，开通气孔，接通电源，加热至120℃时停气、停电，待烘箱内温度下降50～60℃时，取出容器和工具；③用70%的酒精将容器和工具全部抹到，维持10分钟，然后用无菌水（开水也行）将容器和工具冲洗干净；④如果是在池子中培养光合细菌，可用高锰酸钾溶液涂刷池壁，连刷2次，10～20分钟后，用无菌水冲洗干净。

（2）配制培养基　①培养水：一般选用含菌量较低的清洁水，也可以将自然河渠之水烧沸后让其冷却备用；②施肥：将上述配方一或者配方二按比例溶入培养液中，搅拌均匀；③调整酸碱度：培育光合菌菌种的培养液，其pH的最佳范围在7～8.5，当培养液消毒后（一般用二氧化氯消毒，用量为0.3～0.4毫克/升，消毒后24小时接种）一定要测试消毒液的pH变化，把培养液的pH控制在6～10，最好控制在7～8.5。调控酸碱度通常用1摩尔/升的氢氧化钠或冰醋酸。

（3）接种　培养光合菌一般按1：5至1：1接种，即菌种母液与新配培养液之比为1：5至1：1。在菌种允许的条件下，尽可能采用大比例接种。

（4）培养管理　①搅拌：在培养光合细菌时，保持菌液处于动态，有利菌细胞上浮获得光照，促进菌细胞的良好生长。②调节光照：光合菌多数利用接近红外线700～900纳米的射线，一般25～60瓦的普通电灯泡即可满足。光照的强度可通过控制灯泡与菌液面的距离来调节，通常控制在15～25厘米。如果借用太阳光，那就更好了。③调节温度：一般培养光合细菌的最佳温度范围为25～34℃（适应范围为15～40℃）。温度低于15℃时，细菌繁育生长缓慢，菌液颜色发暗，沉淀增多。温度低，光线强，温度高，光线弱。④测定酸碱度：由于培养过程中，菌体要利用培养液中的有机酸，造成酸碱度升高。因此，每天要测试培养液的pH2～3次。调整酸碱度一般用1摩尔/升的醋酸，醋酸要逐滴缓慢地加入。⑤测定菌液浓度：简单的可采用比较法来粗略估计菌液浓度。即将待测菌液与已知浓度的菌液进行比较，如其颜色、透光度大致相同，则它们的浓度（含菌指数）也相同或大致相同。

三、二氧化氯的使用方法

二氧化氯是国际上公认的高效、广谱、快速和安全无毒的水体消毒剂。其药物有液体和固体两种形态。液体的二氧化氯含量低，为2%～3%；固体的二氧化氯含量可达55%以上。

二氧化氯的杀菌机理是，使细菌的酶系统破坏，达到抑菌和杀菌的目的。它对细菌、真菌、藻类、芽孢和病毒的杀灭活性比其他含氯类消毒剂强 2.5 倍；而高等动物的酶系统在细胞内，二氧化氯无法攻击。所以，二氧化氯不会在鳝苗繁育池中使用后产生毒副作用。

二氧化氯在 pH4～11 的范围内，均有灭菌效果。由于它是经酸性活化剂活化后产生的杀菌剂，故其不稳定，很快分解成氧和氯化钠等。它在水体中基本无氯，主要释放新生态氧，因此，它实际上是一种氧化物类药物。

使用二氧化氯时，需要有足够的酸度和活化时间，还必须现配现用，不要与金属器皿接触。

二氧化氯按每立方米水体 0.3～0.4 克，在鳝苗池中泼洒，可防治鳝苗出血病、烂尾病、赤皮病、打印病和白皮病等许多细菌或病毒性病症。一般预防用药每间隔 15 天 1 次；治病用药每天 1 次，连用 3～4 天。

目前，市场上出售的二氧化氯渔用产品甚多，其含量和制作方法也各不相同，因此在选用时，要认真参照说明书进行。

四、敌百虫的使用方法

敌百虫是防治鱼类寄生虫病的老牌药物。常见的有 90% 晶体敌百虫、25% 和 80% 的敌百虫粉剂及 50% 的可湿性粉剂等。

由于敌百虫药物的含量不同，其中的辅助成分也不尽相同，使用时应按生产厂家的说明书进行配比，不可简单地将其药物的有效成分换算使用。一般敌百虫的有效期为 3 年。

敌百虫易吸潮，有挥发性，其水溶液可逐渐分解，在碱性溶液中分解迅速，在酸性溶液中比较稳定，应密封保存。

敌百虫在用于防治鳝苗表体寄生虫时，其全池泼洒的浓度为每立方米水体 0.65 克（这里指 90% 晶体敌百虫）。

敌百虫在碱性条件下，迅速分解为毒性更强的物质——敌敌畏。因此，敌百虫一般不与碱性药物混合使用或同时使用。

敌百虫忌用金属器皿存放或溶化药物，一般用塑料袋或塑料瓶封存。敌百虫在水体中不稳定，配与溶液后不宜久放，应立即泼洒。泼洒敌百虫的时间最好安排在 1：00 左右。

使用敌百虫时，要坚持"三看"，即看阳光强弱、看水温高低和看 pH

大小。

一般来说，如果日照强烈，水温高（超过 30℃），则应考虑减小用药量；如果水温正常（18～28℃），阳光弱，则应按正常施药量进行；如果水体中的 pH 大于 7.3（如新开挖的池子），则应考虑减小用药量或换施其他药物。以 90％晶体敌百虫为例，最大用药量在鳝苗池中使用不得超过 0.65 毫克/升（每立方米水体0.65克）；最小用药量不得低于0.5毫克/升（每立方米水体 0.5 克）。

敌百虫在防治鳝苗表体寄生虫时，一般每月只用 1 次，切不可连续 2 天 2 次或多天多次用药。否则，会致使鳝苗中毒。

敌百虫是一种安全范围小的药物（指鳝苗用药），目前，还没一种较理想的药物取代它，因此，使用时要精准把握用量。

五、护苗露的功效与使用方法

护苗露是一种强化水产动物基因功能，提升苗种免疫能力和抗病能力，增强苗种对环境、天气等突变因素的抗应激能力，提高孵化率和成活率的复合氨基酸、多种微量元素的表面活性剂。

主要功效如下：

1. 育苗 各种水生动物幼体孵化和培育时，使用该产品，能较好地取到保健和养护作用，使孵化率显著提高。

2. 苗种运输 该产品对远途运输的苗车与苗袋内的水质有良好的保鲜与自洁作用。

3. 保苗 在放苗前使用，能有效调整水体界面张力，通爽水体，平衡渗透压，使苗种迅速适应新的水域。

此产品用之于黄鳝、泥鳅的培育，既能提高孵化率和成活率，又能促其健康快速生长。

用法：将该药稀释 50～100 倍后，全池泼洒。即每立方米水体用原药 1 克，加 50～100 克水稀释后泼洒。每周用 1 次，也可根据不同的繁育环节而酌情施药。阴雨天可以勤施，晴好天气可间隔 10～15 天施 1 次。

六、克苔 1 号的使用方法

克苔 1 号是一种根治鳝、鳅和养鱼池塘青苔的双肉豆蔻基二甲基离子对活性剂。

使用该产品不伤水草，不伤水体，不耗氧，不伤养殖对象。不仅克苔，而且除臭。

无论是晴天，还是阴雨天气，都可使用该产品根治鳝、鳅池内的青苔。

此药不含任何农药和除草剂，属真正的绿色除苔产品。

用法：每1 000米³水体用此药125～150克，加50倍清水溶化后，即时全池泼洒1次，3～5天后青苔死亡。

 **资料　　新药绿康露简介**

1. 产品特点　对养殖对象无刺激，无毒副作用；可杀灭水体中的游离病毒及塘底的病原生物；可控制藻类的繁育，调养水质。

2. 主要成分　四羟甲基硫酸磷、低聚糖和增效剂。

3. 功效　①该产品疏水通透性强，对养殖对象刺激小；②该产品具有较高的阳性电荷，能去除老化藻，改良水质；③该产品中有除臭成分，能除去水体和池底的臭气和臭味；④该产品可用作其他抗菌、消毒、杀虫等药物的增效剂。

4. 用法与用量　将该产品稀释200倍后，全池均匀泼洒。用量为每1 000米³水体150克。防病时每15天泼洒1次；治病时每天泼洒1次，连用2天。

第四章
鳝苗腥饲料的培育与制作

第一节　活饵生产模式

一、红蚯蚓的室外培育模式

红蚯蚓是鳝苗最爱吃的食物。据分析，红蚯蚓干体含粗蛋白质61.93％，粗脂肪7.9％，碳水化合物14％。它是培育鳝苗的一种最好的高蛋白活饵。

大面积室外培育红蚯蚓，不仅方法简单，培育成本低，而且产量很高。

1. 基地的选择与建设　大面积培育红蚯蚓的基地，应选择建设在高中之低或低中之高的地方，基地要求基本平坦，周边环境要求安静，并要求干旱时有水供给，暴雨时无渍水。

基地选定后，应对其进行改造。改造工作主要有两点：一是在基地四周开挖一圈防逃围沟，沟宽1.5～2米，沟深以四季有水为标准，围沟开挖好后，可在围沟内投放一定数量的生石灰，使沟内水体的pH升高至8以上（以防止蚯蚓入水外逃）。也可以不投放生石灰，就在圈沟内喂养一定密度的黄鳝；二是在基地上按3米开厢（我们把这个厢叫作"殖蚓厢"）。厢与厢之间挖一道宽30厘米、深20～40厘米的厢沟，以备暴雨时排水之用。

2. 基料的堆积与发酵　用作培育红蚯蚓的基料，可选用猪粪、鸡粪、鸭粪、鹅粪、牛粪、马粪和沼气池内清出的废料，以及除草木灰外的所有农家肥，包括青草料、塘泥和浮萍等。

基料就堆积在蚯蚓培育基地上，一条线一条线地堆积，堆积的形状犹如堤埂（宛若水田埂子）。其基料"堤埂"的长度不限，下底宽为 1 米、上底宽为 0.6 米，高 0.4～0.5 米。每个"殖蚓厢"只堆积 1 条基料。一般第一轮生产的基料就堆积在"殖蚓厢"的左半边（待数月后，第二轮生产的腐熟基料，就堆积在"殖蚓厢"的右半边）。基料堆积好后，充分湿水，盖上农用厚膜，让基料自然发酵。20～30 天把厚膜掀开，将基料用铁锹翻一遍，翻后再充分湿水，重新盖上厚膜，再发酵 20～30 天，使基料充分腐熟。检验基料是否腐熟的方法是：用手抓把基料，捏成团，举起，让其自然下坠，若基料团能摔成粉状，说明已经熟化，可以引种培育了。

3. 引种与殖种　用作大面积室外繁育红蚯蚓的蚓种，一般选择爱胜赤子。

殖种时，每立方米基料可投放 1 万～2 万尾（条）。蚓种投放后，需要在基料上盖上一层能基本覆盖基料的稻草或杂草，以作遮阳保墒之用。

4. 日常管理

（1）保墒排渍　天旱时，每周应给基料充分湿水 2～3 次；在暴雨陡降的日子里，要保证基料不渍水。

（2）防暑降温　红蚯蚓最适宜繁衍生长的温度为 16～28℃，因此，当基地的气温上升至 32℃以上时（基料内的温度高达 30℃时），要在基料上空布设遮阳网防暑降温。

（3）严防敌害　红蚯蚓培育基地内要严防家禽、老鼠、黄鼠狼、青蛙、牛蛙、蟾蜍、行山虎和蛇窜入，对于各种鸟类，也要派专人进行驱赶。

经过 50～80 天的精心培育，便可以采收第一轮生产的红蚯蚓了。采收时不要过量，要择大留小，捡厚留稀，以利第二轮生产。

5. 第二轮生产　第二轮培育红蚯蚓的大生产，是在殖蚓厢内的右半边进行的。其基料的堆积应在第一轮生产投放蚓种时开始，以便有充足的时间让其基料腐熟，使之让第一轮生产与第二轮生产配套、连接。

第一轮生产的蚯蚓采收之后，可将其废料连同未收获干净的蚯蚓一同转移至右半边的新鲜基料上。这样既不造成尚可利用的基料浪费，也免去了再生产时投放蚓种的工序。

第二轮生产殖种后，随之可准备第三轮生产，即在殖蚓厢的左半边，再重新堆积基料发酵……，如此左右轮作，可保长期不断有蚯蚓采收，使之常年为鳝苗提供活饵（图 4-1）。

一般来说，经过 1～2 年培育红蚯蚓后，其陈旧的废料应彻底清除 1 次。清除的废料，可用于培育水丝蚯蚓。

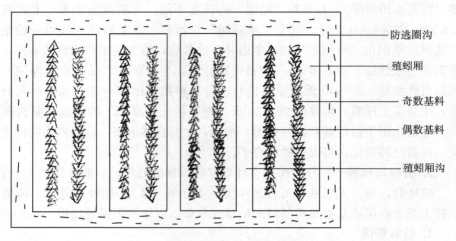

防逃圈沟

殖蚓厢

奇数基料

偶数基料

殖蚓厢沟

图 4-1　红蚯蚓培育基地示意图

二、水丝蚯蚓的培育模式

水丝蚯蚓，简称水蚯蚓或水丝蚓。它是稚鳝和幼鳝的最佳饲料之一。在自然界水域中孵出的黄鳝幼苗，主要靠捕食水丝蚯蚓来维持生命。故人工繁育水丝蚓，是一种解决鳝苗饲料供应的好办法。

水蚯蚓雌雄同体，异体受精。其生殖期喜欢群体聚集，即集中生活在稀泥或污泥表层（3～4 厘米处）。水体或泥层中 pH 为 5.6～9，它都能很好地繁育和生长。其在自然界中产卵孵化时，最适宜的水温为 22～32℃，孵化时间为 10～15天。刚孵出的稚蚓体长约为 6 毫米，很像淡红色的丝线。

水蚯蚓生长很快，一般孵出后生长 1 个月时间，就可以长成标准成蚓。据观察记录表明，小蚯蚓的寿命在 60～110 天。虽然其寿命不长，但繁衍相当迅速。在正常的条件下，每平方米培殖面积，每月可产成蚓 1～2 千克。人工繁育并培育水丝蚯蚓，需要认真搞好下列几项工作：

1. 修建殖蚓沟　培育水蚯蚓的池子，一般都是仿自然建成沟渠形，通常我们把培育水蚯蚓的沟渠，称之为"殖蚓沟"。在修建殖蚓沟时，沟长不限，沟宽 1.5 米，沟深 0.5～0.8 米（以能保水为度）。殖蚓沟的两端应设立进水坝和排水口，为了节省占地面积，修建殖蚓沟时，可设计环形沟或弓形沟（图 4-2）。殖蚓沟开挖好后，需在排水口布设一道拦网，以防野杂鱼和淡水小龙虾溯流而上，窜入殖蚓沟危害水蚯蚓。

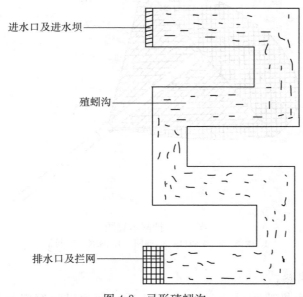

图 4-2　弓形殖蚓沟

2. 基料的选择与施用　培育水蚯蚓的基料可选用各种禽畜粪便，各种农家渣颖和无毒的所有青草料，以及塘泥、培育陆生蚯蚓清出的废料和沼气池内清出的废料等。只要是认作有机肥料的物质，都可以作为培育水蚯蚓的基料。

无论选用什么基料，都可以大量倾投于殖蚓沟内，沤制 1 个月之后，使其充分腐化，然后引种培育。

3. 引种　水蚯蚓的种苗一般从自然水沟中采捞（城镇和村庄生活废水的排放沟渠内和牛滚塘中最多）。采捞水蚯蚓一般选用 24 目的密眼抄网（图 4-3），采捞时，先用抄网将水丝蚓比较集中处连泥带蚓一起抄起，然后放入清水沟渠中洗除稀泥，待稀泥基本洗去后，将捕获的水丝蚓放入备好的容器中，每个容器不要装得太满，以免在运输时因容器内缺氧造成死亡。一个有经验的捕蚓者，在运输水蚯蚓时，每 1～3 个小时就要将容器中的蚓种搅动 1 次。

4. 投种　每平方米殖蚓沟，投放略带泥沙的蚓种 400～500 克即可。

5. 饲养　水丝蚯蚓喜食甜酸味食物，禽畜粪肥、绿肥、渣肥它都爱吃。尤其是甘蔗屑和用米酒麯发酵的饲料，它最喜欢吃。无论是什么饲料，投喂

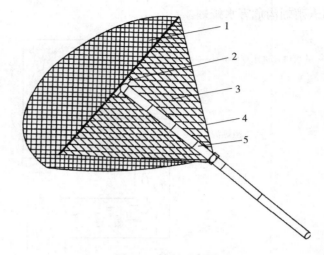

图 4-3　抄网示意图
1. 横档　2. 斗柄口　3. 兜网　4. 网纲　5. 竹柄

前都必须充分腐熟。

　　向殖蚓沟内投喂饲料，一般 15 天 1 次，每次投放饲料量为 400 克/米²左右。

　　6. 管理　殖蚓沟内一般管水 4 厘米左右，且沟水要不断地缓缓流动。在夏季高温季节，可在 10：00～14：30，用遮阳网在殖蚓沟的上空遮阴降温，也可以借用丝瓜藤蔓为殖蚓沟遮阳防暑。

　　每次投放新鲜饲料后的第 7 天，用多齿铁耙锸把殖蚓沟内的基料（污泥）轻轻耙动 1 次，以促进基料的充分利用，并消除沟底有可能产生的有害物质（如硫化氢等）。

　　7. 采收　通过 1 个月左右的培育，第一轮生产的水蚯蚓便可以采收了。收捕时，提前 1 天给殖蚓沟提升水位至 10 厘米左右，然后断流，迫使殖蚓沟内水体缺氧，让水蚯蚓聚集成团，以利使用抄网捕捞。

三、淡水小龙虾的广普培育

　　1. 淡水小龙虾生产的意义　近十几年来，在自然界中生长的鳝苗，其赖以生存的主要食物，不是过去的小蝌蚪、小青虾和小米虾，而是一种广布于沟渠塘堰的淡水小龙虾（图4-4）。

淡水小龙虾原产于北美洲，为美国淡水虾类的一个重要品种，1918年移入日本，因其能作为养殖牛蛙和黄鳝的饲料，在日本得到了大面积的繁衍和扩散。第二次世界大战期间，该虾从日本移入我国。最早在江苏省南京市市郊繁衍。经过70余年的扩展，使之今天发展到遍及我国长江中下游地区的河湖港汊、沟渠

图4-4　淡水小龙虾

塘堰、水库鱼池和稻田泽地，成为我国淡水虾类的一个极普遍、极高产、极富销售市场的一个重要品种。

淡水小龙虾对生长的水域要求不严，只要有水的地方，它都能正常繁衍和生长。它的繁衍能力极强，生长极快；它的食性极杂，只要是无毒的食物，几乎都吃；它的营养价值极高，每100克可食部分含蛋白质18.6克，并且含矿物质、维生素A、维生素B、维生素D，比家禽、家畜都高。

淡水小龙虾幼虾和仔虾，都可以直接投喂鳝苗或成鳝。鲜活幼虾和仔虾投于鳝池中，不仅可供黄鳝自行捕食，而且还可以在鳝池中作活饵贮备。

据试验，幼小的淡水小龙虾投放于鳝池中，还可以净化水质，清除黄鳝吃剩的残食。

淡水小龙虾成虾，通过加工制碎后，是黄鳝最爱吃的食物之一。它不仅可以单一地投喂黄鳝，而且还可以与炸制或熟制的粮食料混合投喂。制碎的成虾，与非动物性饲料混合投喂黄鳝，可增强黄鳝食欲，增强鳝食营养的全面性，增强黄鳝对食物的消化能力，并有防控黄鳝肠道疾病的作用。

淡水小龙虾成虾，在烈日的烘烤晒干后，碾成粉末，是制作鳝苗商品饲料的主配原料，也是养鳝饲料中最好的补钙添加剂。

人工培育淡水小龙虾，基本无病害，养殖方法简单，花费劳力也不多。因此，大面积地生产淡水小龙虾，是解决鳝苗和成鳝饲料的重要途径之一。

2. 淡水小龙虾的生产技术

（1）培育淡水小龙虾应具备的基本条件　人工培育淡水小龙虾，可以将自然沟渠塘堰改造后进行养殖，也可以利用稻田围网养殖或在稻田中直接套养，还可以将现有淡水鱼池转轨进行养殖。不管选择什么样的水域进行养殖，都必须具备下列条件：

①养殖池应建造在水源条件好、水质较优良、引用水没有工业污染和农药

污染的地方。

②养殖池越大越好，一般以4 000米² 为一池。池面要求日照充足，池子周边要求无树林阻挡通风。

③池深1米左右，基本管水深度为20～30厘米。

④池底部基本平坦，淤泥不能太深，浪渣不能太多。

⑤池内的水生植物不能太多，也不能完全没有水生植物。

⑥池子四周应配有防逃设施。如用网片包围堤埂或用石棉瓦，在堤埂上筑成防逃墙等。

⑦池子四周的保水埂子或围堤，要求高大厚实，完全不漏水。

⑧修建好进、排水体系，使虾池要水即灌，恶水即排。

（2）投苗前的准备工作　做好淡水小龙虾培育池投苗前的准备工作，是提高单位面积产量、保证养殖成功的重要环节。在投放虾苗前，应做好的工作有以下六点：

①清淤：淡水小龙虾养殖池内，不宜有过厚、过深的淤泥。投苗前，应对池中过厚、过深的淤泥，采取两种方法进行改造或清除。一是排干池水，充分露晒池底，一直晒到污泥发裂，人走上去不陷脚；二是掏淤，用铧锹或泥瓢将池底的污泥甩起70％左右，或者用机械将淤泥拉上堤岸或埂上。

②修建好进、排水体系：养虾池中进、排设施的好坏，直接影响养殖时的换水、注水、排水和灌水。大家知道，淡水小龙虾生长离不开水，如果排、灌不及时，淡水小龙虾生长不仅会受影响，而且蜕壳困难，甚至不蜕壳、不生长。

③布设好防逃围网：淡水小龙虾养殖池的防逃设施，目前有两种不同材料的布施：一是用尼龙网片包围虾池；二是用石棉瓦依次排栽包围虾池。最好的方法是，用网片在堤埂上包围虾池。用网片包围虾池的围网上纲，要求用厚膜（农用膜）做一道网眉（图4-5），网眉宽度在30厘米左右，网眉设置在围网内（向池内）。在布设围网时，要求网片与池水平面呈60°。网脚埋入地下20厘米。

④做好清池（清塘）和消毒工作：养虾池中在投放虾苗之前，要提早进行灭虫、灭野杂鱼和消毒工作。具体的做法是：先将虾池灌水40～80厘米，然后每立方水体用含有鱼藤酮2.5％的鱼藤精2克，在晴天的中午气温较高时，化水全池泼洒一遍，以杀灭水体中的害虫和野杂鱼。1周后，再用50毫克/升的生石灰，化稀浆趁热全池泼洒一遍，以彻底消灭水体中的细菌和病毒。5～7

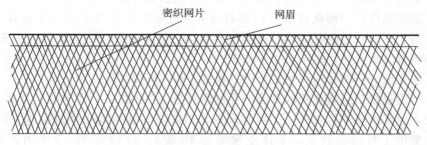

图 4-5　防逃围网与网眉示意图

天，池水清澈透明时，便可以投放虾苗了。

⑤合理施肥：养虾池内应合理施肥，以培育大量的轮虫、枝角类和桡足类浮游生物，以及各种藻类植物供淡水小龙虾食用。

水体中如果肥料充足，各种溞类和藻类就会大量繁育生长，这对促进淡水小龙虾生长、提高产量和质量都有很大的作用。虾池中具体的施肥方法是：每1 000米^{2}面积，施用腐熟的农家肥2 500～3 000千克，过磷酸钙20千克，尿素10千克。有条件者，还可以捆施些绿肥。绿肥的施用量为每1 000米^{2}水面1 500～2 500千克。施用绿肥的池子，可以免施尿素。

⑥稀植水生植物：在淡水小龙虾养殖池中，稀疏培植或移植些水生植物，可以调节水温，为小龙虾创造遮阴、藏身和出水呼吸的有利条件。移植水生出水植物时，要求稀疏且满池散布。常见适宜于虾池中移植的水生出水植物，有野荸荠、水慈姑和三棱草等。浅水虾池中也可以选植些乌龙冠和水辣蓼等；深水虾池中可将水生出水植物移植于池子周边的浅水地带，中央部分可投些树枝和枸杞枝等。

（3）虾苗的投放标准　淡水小龙虾培育池中投放苗种，与其他鱼类养殖投放苗种不同，它没有一个基本的时间概念。因为，淡水小龙虾在春、夏、秋三季都有明显的产子现象，不同时期在自然界繁衍或人工培育出来的虾苗，在与之配套的养殖池中，其饲养管理、饲养时间的长短、收获季节，以及单位面积的产量也各不相同。因此，淡水小龙虾养殖池中投放虾苗的数量，也应根据不同季节的养殖池来灵活决定。

①春季投苗：春季投放虾苗的养殖套路是：当年投放虾苗，当年收获成虾。即4月下旬投放虾苗，8～9月收获，饲养时间4～5个月。成虾的收获规格每只在30～40克，每1 000米^{2}水面，可产成虾500～600千克。

根据上述这一养殖套路，每1 000米² 水面投放虾苗1.5万尾左右。

②初夏投苗：初夏投放虾苗的养殖套路是：5月下旬至6月中旬投放虾苗，当年9～10月收获，饲养时间4个多月。商品成虾的规格每尾35克左右，每1 000米² 面积可产成虾400～500千克。

根据这一养殖套路，每1 000米² 养殖水面，可投放虾苗2万尾左右。

③盛夏投苗：盛夏投放虾苗的养殖套路是：7月投苗，11月收获或当年不收获，翌年4月下旬收获，饲养时间3个月左右，成虾的个体规格为20～25克（翌年4月以后收获，个体重量可达40克）。每1 000米² 水面可产成虾350～500千克。

根据这一养殖套路，每1 000米² 水面，应增加投放量至3万尾。

④秋季投苗：秋季投放虾苗的养殖套路是：9～10月投放虾苗，当年不收获，翌年继续培育3～4个月，或者翌年随捕随投，即随时捕捞投喂鳝苗和成鳝。

这种养殖套路，每1 000米² 水面，可增加投放量至5万尾左右（这一时期投放的虾苗，大多是采用当年人工培育出来的幼苗）。

（4）虾苗的选购方法　认真细致地做好淡水小龙虾苗种的收购工作，是保证养殖成功的关键。收购虾苗的好坏，直接影响成虾产量的高低。因此，在选购虾苗时要严格把好质量关，坚持"八不要"。

①虾苗个体差别太大的不要：如稚虾个体长为1厘米，幼虾个体长为3厘米，此两种虾苗参差一起，投放后，在养殖中、后期，会出现大虾凌小虾、大虾残食小虾的现象。

②虾苗体壳变红的不要：虾苗体壳变红，多因虾苗捕捞出水后，放置的时间过长所致。投放这种虾苗喂养，不仅成活率低，而且生长十分缓慢。

③虾苗足肢残缺或体表有明显伤痕的不要：虾苗足肢残缺或身体受伤后，虽然有一部分会自行长出或愈合，但大多数会染病而死，即使水质清洁，使其不死，也会生长缓慢。

④虾苗活动能力不强的不要：有些虾苗因捕捞出水后护理不当，造成虾苗受严重的温差危害或重压危害。这种虾苗投放后，大部分会在1周之内死亡。

⑤吐泡沫的虾苗不要：这种虾苗多为轻度中毒，投放后2～3天死亡。

⑥虾体漆黑的不要：身体漆黑的虾苗，大多是从不清洁的水域中采捕的。投放池中喂养，不仅生长缓慢、蜕壳困难，而且发病严重。

⑦虾苗身体上有泥白色绒毛的不要：这种虾苗感染了水霉病。

⑧虾苗的大螯、步足和桡足弯曲不直的不要：这种虾苗是药物中毒所致，数小时后，会彻底死亡。

（5）淡水小龙虾的饲养管理　人工养殖淡水小龙虾，在饲养管理方面，可分为四个阶段，即幼苗阶段、旺食阶段、硬壳阶段和打洞阶段。若按淡水小龙虾的个体重量来划分，幼苗阶段的虾苗个体重量在 0.8～5 克；旺食阶段的仔虾个体重量在 5～20 克；硬壳阶段的成虾个体重量在 20～30 克；打洞阶段的老虾个体重量在 30～38 克。若按月份来划分这四个阶段（以 4 月投苗为例），幼苗阶段在 4 月下旬至 5 月中旬；旺食阶段在 5 月下旬至 7 月中旬；硬壳阶段在 7 月下旬至 8 月下旬；打洞阶段在 9 月上旬至 10 月上旬。淡水小龙虾的饲养管理，要根据各个不同的生长时期，来灵活决定投食量、投食次数以及选择投喂饲料的类型。

①幼苗阶段：淡水小龙虾在幼苗生长阶段，应通过施肥、追肥等方法，来培育水体中大量的枝角类和桡足类等浮游生物供幼虾食用。同时，还应在养殖池中增投些豆渣、菜籽饼、嫩草、菜叶、米糠和鱼粉等。每天投喂 1～2 次，投食时间最好定在 10：00 和 17：30。

为了满足幼虾对青饲料的需求，在幼苗生长期，可投喂些小点青萍（三星型小点状青浮萍，各地水域中均有分布）。投喂小点青萍时，每次投喂量不要太多，以免小点青萍大量繁育，影响池内日照，导致水体严重缺氧。

淡水小龙虾幼苗生长时期，还应根据天气情况灵活决定投食量。如果天气晴好，水温适宜（20～32℃），投食量应为虾体重量的 6%～8%；如果天气不好（刮风、下雨等），可酌情少投；如果遇到冷空气南下或大风降温天气，可酌情不投食。

②旺食阶段：淡水小龙虾生长进入旺食时期，水温大都稳定在 20～32℃。这一时期，不仅要增加投食量，而且还要增加投食次数。一般来说，淡水小龙虾在旺食期的食量为其体重的 8%～12%。投喂饲料时，应根据天气情况的好坏来灵活决定投食量和投食次数。如果天气晴好，每天 10：00 投喂 1 次，16：00 再增投 1 次，19：30 还要补投 1 次。上午投食量为虾体重量的 3%，下午投食量为虾体重量的 6%，晚上投食量为虾体重量的 2%～3%；如果天气不好，只需要在 18：30 投喂 1 次就行了，投食量为虾体重量的 6%；如果因大雨或暴雨造成池内水体混浊不清，这时可以不投食（待水清后恢复正常投食）。

淡水小龙虾进入旺食期后，不仅觅食旺盛，而且生长也是最快。因此，投喂饲料要讲究营养的全面性。大凡有经验的养虾者，在这一时期投喂饲料时，都会将动物性饲料与非动物性饲料间投，优质商品粮食料与青饲料间投。

③硬壳阶段：淡水小龙虾进入硬壳时期，摄食仍然旺盛。只是因为这一时期阳光强烈，水温较高而影响白天正常觅食。这一时期应在 19：30 左右投食，日投食 1 次，投食量为虾体重量的 8％。

为了满足淡水小龙虾在硬壳期对钙和多种元素的需求，投喂饲料时，可有意选投些大豆、蚕豆、鲜草、鱼粉、骨粉、菠菜、猪血、膨化性粮食料和饼粕等。同时，还要配合池塘消毒，每间隔 10 天撒施 1 次生石灰粉，用量为每立方米水体 25 克。

④打洞阶段：淡水小龙虾进入打洞时期，其摄食活动明显减弱。根据这一状况，投食量应酌情减少。一般日投食 1 次，投食量为虾体重量的 5％，投食时间最好定在 19：00 左右。

（6）成虾养殖池中的"水"管理 淡水小龙虾耐低氧能力很强，这是因为它能直接出水呼吸，利用空气中氧的缘故。但是，如果淡水小龙虾长期处于低氧或过浓、过肥的水体中，其觅食活动就会减弱或停止，其生长就会受到不良影响，严重时还会引发许多疾病。因此，成虾养殖池中的水体，要求溶氧在 5 毫克/升以上，透明度在 35 厘米以上，pH 在 7 左右。为了使池水达到这三个指标，成虾养殖池在管水时应做好下列工作：

①勤换水：人工养殖淡水小龙虾的虾池中，一般投放密度大，投喂饲料频繁。因此，其养殖池中水体的质量会因温度的升高或时间的延长而逐渐变坏，这就需要经常更换池水，换水周期应根据水温的高低来灵活决定。如水温在 22℃左右时，间隔 15 天换水 1 次；水温在 25℃左右时，间隔 10 天换水 1 次。更换池水的间隔时间长短，除考虑水温因素之外，还要根据水体的深浅、水域面积的大小，以及投放虾苗密度的大小等因素来综合考虑决定。比如，虾池面积大，水体深，换水时间可长一些（或者考虑不换水）；再如，虾池中投放虾苗的密度较大，水质变化快，换水的时间就要短一些。

②定期施药净化水质：养虾池中，应间隔 15 天，每立方米水体用 25 克生石灰粉末，全池撒施一遍，以消毒、灭菌、调理水体中的酸碱度，增加水体的透明度，促进有机悬浮物下沉或有机肥料分解，增加水体中的溶氧量，达到净化水质的目的。

③利用光合菌改良水质：实践证明，每立方米水体施用多福可乐（渔用光合菌水剂）5 克，可起到净水质，降低淡水小龙虾发病率的作用。

在使用光合菌水剂时，先将光合菌水剂原液用无菌水稀释 4～10 倍，放在烈日下曝晒 2～3 天，然后均匀地泼洒于水体中。

④依季节变换调整水体的深浅度：不同的季节，不同的养殖时期，虾池中的管水深度也各不相同。一般春季管水 20 厘米；夏季管水 30～40 厘米；秋季管水 30 厘米；冬季排干池水，保持池底基本湿润。

（7）虾池中的日常管理　搞好淡水小龙虾养殖池中的日常管理，是保证养殖成功并夺取高产的一项主要工作。管理要点如下：

①及时清残：投喂淡水小龙虾的饲料有青饲料、商品饲料、粮食料和动物类腥饲料 4 种。当青饲料在虾池中投放过量或投放的青饲料过于老化时，池内就会出现青饲料残余现象。如蚕豆残梗、树叶残脉和八棱麻残渣等，对此，要用铁叉或铁耙进行清除，以免吃剩的青饲料残余物在水中长时间浸泡后变酸，破坏水质，引发细菌滋生；当商品饲料（如豆饼、棉饼等）和粮食料（如玉米、大豆等）投放过量或投放后遇天气突变等情况时，虾池中也会出现剩食现象。对此，要用密网络子及时捞起，以免残剩的精饲料变质发臭，影响淡水小龙虾的正常觅食和正常活动；当淡水小龙虾最爱吃的动物类腥饲料投放过量，虾池中也会出现残食。对此，要及时捞起浮于水面的残臭食物。

淡水小龙虾食腐，但人工养殖池中不能让其食用腐败酸臭的食物。因为人工养殖淡水小龙虾的环境与自然界的环境不同，它的养殖密度大，池内抗菌，止痢和缓泻的某些可供淡水小龙虾食疗的生物或水草几乎没有，淡水小龙虾在养殖池内食腐后，会出现烂肠瘟和肠炎等疾病。

②加强夜间巡池：养虾池内，除了要坚持早晚巡池，观察淡水小龙虾觅食情况，清除残食，掌握水体温度变化和质量变化等情况之外，还应加强夜间巡池工作，以驱赶和捕捉敌害生物。特别是在暴风雨的夜晚，更是要严加巡查，以防垮坝、堤埂漏水和防逃圈被风吹倒等。

③不断地改良淡水小龙虾的栖息环境：养虾池中一般都采用稀植水生出水植物或投放树枝等方法，来改良淡水小龙虾的栖息环境。当水生出水植物生长密度占据了水面的 1/3 时，要适当用镰刀刈割一部分；当水生出水植物遭受病虫危害时，还应补植一部分；如果全池的水都很深，不能移植扎根于泥土的水生植物，可在池内放养些水花生。放养水花生的密度，应为每平方米面积 2～4 根（藤蔓）。

④加强蜕壳期管理：淡水小龙虾一生中，要蜕壳 30 次左右，在蜕壳时，

易遭同类的残杀和天敌的残害。在养虾生产实践中，如发现大批的淡水小龙虾蜕壳，要尽量多投喂些动物类腥饲料和豆类饲料，保持环境安静，禁止在水体中从事任何操作。同时，还要加强防敌害管理，以保证淡水小龙虾顺利完成蜕壳。

（8）淡水小龙虾的收捕方法 淡水小龙虾的收捕方法十分简单，从市场上购回若干"甩式地龙"（长江中下游地区各市场均有出售），在"甩式地龙"内选放些马铃薯、大豆、玉米、蚕豆、死鱼和各种动物内脏（图4-6），甩入水中，2～3小时收捕1次，每次每笼中可收捕（诱捕）幼虾、稚虾和成虾1～3千克。昼夜均可放笼诱捕。放笼时要注意一点，

图4-6 甩式地龙（捕虾笼）

就是要将"甩式地龙"的一端露出水面约30厘米长（靠坡边露出水面），以免大量的淡水小龙虾受捕后，集于笼内缺氧而窒息死亡。

四、利用稻田闲置期培育虾苗

利用稻田闲置期生产淡水小龙虾虾苗，不影响水稻（杂交中稻）的正常耕作与栽培，不需要在堤埂上布设防逃围网，不需要在稻田里开挖虾沟，不需要给亲虾投喂很多饲料，它是一种不需花很多钱、不需费很多劳力的典型的仿自然生产黄鳝活饵的好方法。具体做法如下：

1. 亲虾的投放 每年的8月20日前后，常规杂交中稻收获完毕之后（以长江中下游地区为例），给稻田灌水20厘米，每1 000米^{2}面积投放健康的、个体较大的亲虾（自然界水域中捕捞的淡水小龙虾）30千克。

2. 亲虾的饲养 亲虾投放后，可人工投喂少量的动物类腥饲料或豆类、粮食加工类精饲料。也可以不投食，让其自行摄取水稻收获时掉落的谷粒或杂草。

3. 亲虾投放后的水管理 亲虾投入复水的空稻田后，应保持15～20厘米的管水30天左右，待到9月20日前后，有意让田水自然落干，或者用5～10

天的时间，缓缓排干田水，逼迫亲虾打洞入蛰。亲虾入蛰后，在洞中交配，产卵、抱子……。

4. 翌年复水　翌年 3 月初，将培育虾的稻田复水，初复水时，先灌"跑马水"* 让其自然落干脚窝之水，大约 24 小时之后，脚窝的水落干，这时正式复水，复水后应保持田水 15～25 厘米。

5. 亲虾出蛰后的管理　培育虾苗的稻田复水后，就意味着亲虾出蛰。亲虾出蛰之后，如果田水的温度在 12～18℃，亲虾将会把胸腔怀抱的稚虾释放于稻田中。这时，就应做好下列两项工作：一是加强夜间巡查，驱赶、捕捉或消灭敌害生物；二是给稚虾投喂饲料。开始可少量投喂些米糠、豆粉、鱼粉和饼粕之类的细碎饲料，直至 4 月中旬后，向田内大量投喂豆粕、饼粕、鱼糊、蚬肉、鲜嫩的青草等（日投食量为虾体重量的 12％左右）。

6. 收获虾苗　从 5 月 1 日起，就可以收获虾苗了。收捕虾苗一般选用"甩式地龙"（虾笼），昼夜均可放笼诱捕。一般每 1 000 米² 面积，每次放笼 10～15 个，2 小时收捕 1 次。3～5 天可基本收获干净。正常情况下，每 1 000 米² 面积，可产虾苗 10 万尾以上。

资料　　淡水小龙虾疾病的防治方法

在自然界水域中生长的淡水小龙虾，一般不发病。但在人工饲养条件下，常因养殖密度过大而引发烂壳病、黑鳃病、纤毛虫病和水霉病等疾病。

1. 烂壳病的防与治　淡水小龙虾烂壳病，主要由假单胞菌、气单胞菌、黏细胞、弧菌和黄杆菌感染所致。病虾体壳上和螯壳上有明显的溃烂点，斑点呈灰白色，严重溃烂时呈黑褐色，斑点中端下陷。

【预防方法】①对因捕捞或运输不慎造成伤残的虾苗，坚决不投；②在虾池中操作时，尽量避免损伤虾体；③经常给虾池换水，保持养殖水体清新嫩爽；④坚持每天投食，避免淡水小龙虾因饥饿产生相互夹斗；⑤每间隔 15 天，用生石灰粉末全池撒一遍，用量为每立方米水体 25 克。

---

* "跑马水"是长江中下游地区的俗语，即在稻田里灌水时，先让整个田块都"跑"到一层水，然后，马上排干。

【治疗方法】①每立方米水体用 25 克生石灰，化稀浆趁热全池泼洒 1 次，3 天后换水，再用 1 毫克/升的漂白粉全池消毒 1 次。②每立方米水体用 0.3～0.4 克二氧化氯全池泼洒，每天 1 次，连用 3 天；取 50 千克虾饲料，拌磺胺甲基嘧啶 150 克，投喂淡水小龙虾，每天 2 次，连用 7 天后停药 3 天，再投喂 5 天。

2. **黑鳃病的防与治** 淡水小龙虾黑鳃病，多由真菌感染所致。病虾主要表现为鳃部变黑，鳃组织坏死。患病的幼虾活动无力，多数在池底缓慢爬行，停食；患病的成虾常浮出水面或依附水草露身于水外，不入洞穴，行动迟缓。

【预防方法】①经常更换池水，及时清除残食和池内的腐败物质；②定期 15 天，每立方米水体用 25 克生石灰粉末消毒 1 次；③经常投喂青饲料；④在养虾中、后期，可在池内有意少量放养些蟾蜍。

【治疗方法】①每立方米水体用 1 克漂白粉，全池泼洒，每天 1 次，连用 3～4 天；②每立方米水体用亚甲基蓝 10 克，全池泼洒 1 次；③每立方米水体用强氯精 0.1 克，全池泼洒，每天 1 次，连用 2 天。

3. **纤毛虫病的防与治** 淡水小龙虾纤毛虫病又叫累枝虫病。该病主要由累枝虫、聚缩虫、钟形虫和单缩虫等原生纤毛虫成群附生淡水小龙虾体表所致。其主要病症为，虾体有许多绒毛状污浊物。病虾呼吸困难，烦躁不安，食欲减退，多数在池边缓缓游动或爬行，病情严重时会引起死亡。

【预防方法】①经常更换池水，保持池水清新；②彻底清除池内漂浮物或沉积的渣草；③做好冬季闲池时的清淤工作；④每立方米水体用 90% 的晶体敌百虫 0.7 克，全池泼洒，每月 1 次。

【治疗方法】①每立方米水体用 0.65 克硫酸铜，全池泼洒 1 次，用药 1 周后更换池水；②每立方米水体用福尔马林 30 克，全池泼洒 1 次，16～24 小时后更换池水；③取菖蒲草适量，扎成若干小捆或小把，浸泡于虾池水体中，每 10 米^2 浸泡 1 捆或 1 把，重约 1 千克，浸泡 3～4 天后捞取。

4. **水霉病的防与治** 淡水小龙虾水霉病俗称"长白毛"。在暮春和梅雨季节，此病最为盛行。

水霉病是由水霉菌侵染虾体后所致。病虾体表附生着一种灰白色、棉絮状菌丝，一般很少活动，不觅食，不入洞穴。对于这种疾病，只要发现早，及时采取治疗措施，一般不会造成很大的损失；反之，如果发现迟，采取措施不得力，1～2 周就会造成大量的淡水小龙虾染病死亡。

【预防方法】①坚持定期 15 天 1 次，给养虾水体用生石灰消毒；②刈去池内过旺或过多生长的水草，设法增强虾池日照；③每逢阴雨连绵的日子，每立方米水体用 0.3 克二氧化氯消毒 1 次。

【治疗方法】①每立方米水体用食盐 40 克、小苏打 35 克，配成合剂，全池泼洒，每天 1 次连用 2 次，如不愈，换水后再用药 1～2 次；②每立方米水体用漂白粉 1.5 克，全池泼洒，每天 1 次，连用 3 天；③每立方米水体用 0.3 克二氧化氯，全池泼洒，每天 1 次，连用 4 天。

第二节 腥饲料的贮养与加工制作

一、螺、蚌的贮养方法

在鳝苗生产中后期，动物性腥饲料往往紧缺，而每年的冬春时节，由于沟渠塘堰都没有多少水，有些沟渠塘堰和湖泊甚至干涸，故鳝苗爱吃的动物饲料——螺、蚌，到处都有，且采捞十分容易。能不能冬采螺、蚌，集中贮养，为翌年繁育鳝苗或养殖成鳝所用呢？

实践告诉我们，只要掌握以下贮养技术要点，冬采螺、蚌是完全可以为翌年所用的。

（1）冬季采集的螺、蚌，在运输时不要过于震动。因为螺、蚌惧怕震动。特别是蚌，震动过大时，其体内的生理水分容易流出，致使其生理机能遭到破坏。

（2）不要采集带严重病菌和虫卵的螺、蚌。一般来说，淡水鱼池中的螺、蚌，含病菌量和寄生虫虫卵量比较少，自然沟渠塘堰中的螺、蚌含病毒、病菌和寄生虫虫卵指数较高。

（3）不要在冰冻期或霜冻的早晨采捞或运输螺、蚌，以免发生冻害。

（4）贮养螺、蚌的池子，要求面积较大。在投放螺、蚌之前，要认真做好贮养池的灭虫、灭害藻和消毒等工作。对于淤泥（污泥）较深厚的老池子，还应掏除大部污泥，或者排干池水，露晒池底 5～15 天。

（5）放养密度不能太大，一般每 1 000 米^2 水面，放养螺 2 500 千克左右、蚌5 000千克左右。投放量越小，安全性越大。如果投放量过大，螺、蚌会因水体缺氧而泛塘（翻塘死光）。

（6）冰冻时期，给贮养螺、蚌的池子管水1米深左右。

（7）贮养螺、蚌的池内，宜使用除虫菊或拟除虫菊类药物灭虫，不宜使用有机氯类杀虫或杀菌剂。

（8）翌年春暖花开时，应在贮养池内施些绿肥和化肥（氯化钾和氯化氨忌用）。一般每1 000米^{2}水面（0.5～1米深），施用绿肥500千克，尿素20千克，过磷酸钙20千克。

（9）从翌年5月1日开始，对螺、蚌贮养池进行定期消毒和定期灭虫。消毒周期为15天，灭虫周期30～31天。消毒最好选用生石灰，用量为每立方米水体25克；灭虫最好选用除虫菊类和拟除虫菊类药物，用量为每立方米水体0.05～0.07克。

（10）经常在贮养螺、蚌的池子中使用多福可乐（光合菌水剂），对提高螺、蚌的成活率有极大的帮助。

资料　　　　蚌瘟症的防与治

蚌瘟是一种由嵌沙样病毒引起的"翻塘"性蚌病。许多养鳝者，在贮养螺、蚌时，由于放养密度过大，加上又没有采取相应的消毒、防病措施，常常导致整塘的肥蚌全部发瘟死亡。

感染蚌瘟的病蚌，一般表现症状不明显，细查方有下列症状：闭壳无力，爬行活动消失，斧足边缘有缺痕，呈锯齿状，不能激荡呼吸和滤食。濒临死亡的病蚌，直肠无粪便，肝脏糜烂，肠道有轻度水肿。此病多发于春、秋两季，2龄以上的成蚌死亡率最高。

【预防方法】①杜绝疫区采蚌；②降低贮养密度；③坚持定期做好消毒工作；④在池中安装增氧机；⑤消除池底过厚的淤泥。

【治疗方法】①每立方米水体用0.3克十二烷基磺酸钠，全池泼洒1次；②用鲜紫苏扎成若干小把（捆），浸泡于水中，每10米^{2}水面浸泡1把，重约1千克，5～7天后捞取残渣；③每立方米水体用25克生石灰，化稀浆趁热全池泼洒一遍。

二、河蚬的贮养方法

河蚬又称蚬子和蛤蜊，其肉是饲养鳝苗的上等饲料。每年秋冬时节，河水大跌，蚬子退栖于泥滩之上，采捡十分容易。然而，每年春、夏时节，河水盈满，蚬子深栖于河水之中，采捞十分困难。能不能把秋、冬时节采捡的蚬子，集中贮养至翌年夏季为养鳝之用呢？这得看有无贮养条件。

因为蚬子适应在高氧水体中生长，如大江、大河、大水库和大沟渠等。若将河蚬集中贮养，需要有一个长期不断流水的沟渠。

河蚬惧怕农药、化肥和工业废水，贮养河蚬的水域要求十分清洁卫生。集中贮养时，投放密度不宜过大，以免因水体缺氧而引起"翻塘"。一般每平方米水面投放 1～2 千克。河蚬的繁育能力很强，如果投放的密度小，它还可以在贮养的水体中自行繁衍后代。

河蚬喜欢吃豆粉、麦麸、鸡粪和米糠，长期贮养河蚬的水体，每周应断流3～4 次，每次 5 小时左右，断流一般在晴天的中午进行。断流时，投喂些食料，以保膘促长。投喂饲料时，水体的温度必须在 18～30℃。

三、田螺、河蚌和蚬子的取肉方法

1. 螺肉旋挑法　田螺、福寿螺以及实螺等的最佳取肉方法是，采用旋挑法。在采用旋挑法之前，应先做好 1 个挑剥器。取 1 根长 20 厘米的小棍，粗细若小指，用大针紧插入木棍的一端，挑剥器就做好了（图 4-7）。

缝衣针　　　　　　　　小木棍

图 4-7　挑剥器

将新鲜的活螺置于锅内，加适量的水烧开 3～5 分钟，待螺盖壳自行脱落时，捞起摊凉，便可以进行旋挑取肉了。

旋挑时，左手执螺，用拇指和食指将螺夹起，螺尖朝掌心。右手执挑剥器，将挑剥器的针头插入螺内的硬肉上，顺螺旋旋转的方向，轻轻旋转，这时，螺内可供黄鳝食用的肉、肠和蛋白即顺旋转而出。每 100 千克肥螺，可取食料 60 千克之多。

2. 蚌肉剖取法 剖取蚌肉的方法是，先将蚌仰面竖起，用一菜刀从蚌壳的尖端滤水口处插入，使劲剖开蚌，把蚌分成两瓣，然后用刀切开蚌肉与蚌壳相连的四个固肉柱，蚌肉随即与蚌壳完全分离。剁碎蚌肉，放入盆中（每盆只装半盆），注满开水，烫制 5～15 分钟，滤去腥水，摊凉，便可以投喂鳝苗了。

3. 蚬肉的熬取方法 每逢河水下跌，蚬子满坡皆是，提桶采捡，洗去泥沙，放入铁锅中煎熬，水开后 5～10 分钟，其壳自开，其肉自出，捞起摊凉，扒壳捡肉，极其简单。

第 五 章
泥鳅的生态繁育

　　泥鳅的生态繁育，是让泥鳅在人工养殖条件下，进行自繁自育。养殖过泥鳅的人大都知道，在一个池塘中人工养殖泥鳅，只需第一年投放鳅苗，此后就池继续养殖，每年都不用再重新投放鳅种，这是因为泥鳅具有超强的自然繁衍能力。总结过去养殖泥鳅的经验，上升于理论去加以研究，再用其理论去指导仿自然繁育泥鳅，就不难掌握泥鳅的生态繁育方法。本章介绍泥鳅的生态繁育方法，可用四个字来概括——"科学管理"。

第一节　泥鳅的繁育特性

一、泥鳅的生物学特性

　　1. 形态特征　泥鳅个体较小而细长，前端呈亚圆筒形，腹部圆，后端侧扁。头较尖。吻部向前突出，倾斜角度大，吻长小于眼后头长。口小，亚下位，呈马蹄形。唇软，有细皱纹和小突起。眼小，覆盖皮膜，上侧位。鳃孔小，鳃裂止于胸鳍基部。须5对，其中吻端1对，上颌1对，口角1对，下唇2对。口须最长可伸至或略超过眼后缘，但也有个别的较短，仅达前盖骨。头部无鳞，体表鳞非常细小，圆形，埋于皮下。侧线鳞150片左右。体表黏液丰富。

　　体背及体侧大部位置都呈灰黑色（以湖北乌鳅为例），下部一般呈浅黄色或灰白色。胸鳍、腹鳍和臀鳍为灰白色，尾鳍和背鳍具有黑色小斑点，尾鳍基部上方有一显著的黑色斑点（图5-1）。

　　生活在不同环境中的泥鳅，体色各不相同，常见的有黄色板鳅、乌色圆

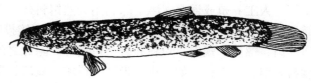

图 5-1　花色斑纹鳅

鳅、花色斑纹鳅和灰青色两尖鳅等。

泥鳅的背鳍无硬刺，前端第 1 枚鳍条不分支，背鳍与腹鳍相对，但起点在腹鳍之前。胸鳍距腹较远。腹鳍短小，尾鳍呈圆形。

泥鳅的鳃耙退化，呈细粒状突起。咽齿一行。脊椎骨数为 42~49 枚。胃壁厚，呈一线形，在内部的左侧卷曲呈 2~2.5 圈的螺纹状。肠较短，壁薄而有弹性。鳔小，呈双球形，前部包在骨质囊内，后部细小、游离。

2. 生活习性 泥鳅属变温性鱼类，它喜温水、怕炎热，对环境的适应能力强，多栖于静水或缓流的沟渠、池塘、湖泊、稻田、水库和河流等水域。它具有生活在水底层、喜钻入泥层中的习惯。在中性和偏酸性的黏性土壤中，生长正常。

泥鳅不仅用鳃呼吸，而且还能利用皮肤和肠道进行呼吸。泥鳅的肠壁很薄，具有丰富的血管网，能进行气体交换，有辅助呼吸的功能。当水体中溶氧量较低时，泥鳅常跃出水面，直接吞入空气，空气在肠壁进行气体交换后，废气从肛门排出。因此，泥鳅对缺氧的承受能力很强，当水体中的溶氧低于 0.16 毫克/升时，泥鳅仍能生存。在缺水的环境中，只要泥土中稍有墒情，泥鳅也会安然无恙。

泥鳅的耐饥饿能力是所有鱼类都不及的。在水温低于 15℃时，它可以忍受几个月的饥饿；在水温高于 18℃时，它也可以忍受 20 天以上的饥饿。

泥鳅的生长水温范围为 15~30℃，最适宜生长的水温为 22~28℃。当水温达 34℃以上时，泥鳅即钻入泥中，躲避炎热，并呈越夏状态，即不摄食、不活动。当水温下降至 10℃以下时，泥鳅即潜入泥中停止活动，在深 20~30 厘米的泥中入蛰冬眠。

由于泥鳅常处于光线极其暗淡的水底或泥层中生活，故其双眼也随之退化变小，因此，5 对须极其发达，须的尖端能辨别饵料发出的微弱化学分子的味蕾，可有效地弥补其视力衰退的不足，是寻觅食物的灵敏的"探测器"。

3. 食性 泥鳅属杂食性鱼类，水中的小型动物、植物、微生物及有机碎屑等，都是它喜欢吃的食物。天然的饵料有水溞、轮虫、枝角类、桡足类、水丝蚓蚓等浮游动物和底栖动物以及藻类、杂草嫩叶、植物碎屑、水底部的腐殖质等。人工养殖或繁育泥鳅，除利用天然饵料外，常用堆施厩肥（如猪粪、牛粪和鸡粪等）的方法来培育饵料生物，也可直接投喂水生昆虫、蚯蚓、蝇蛆、河蚌肉、螺肉、蚬肉、鱼粉和野杂鱼糊等。除此之外，还可以直接投喂商品粮食料和粮食加工料，如麸皮、米糠、饼粕、豆渣、稻谷和玉米碎制料等。

泥鳅对动物类腥饲料相当贪吃，在饲养时，动物类腥饲料每天不要投喂过多，以免摄食过量，阻碍肠道呼吸而导致死亡。

泥鳅白天大多潜伏（在没有饥饿和敌害的情况下），傍晚至半夜间的安静环境中出来觅食。在人工养殖时，经驯养，也可改其为白天摄食。泥鳅在一昼夜中，有 2 个明显的摄食高峰，即 7：00～10：00 和 16：00～18：00。5：00左右，有 1 个摄食低潮。在饵料丰富的情况下，体长 7～12 厘米的亲鳅（或称成鳅），日平均摄食量为其体重的 10% 左右。泥鳅在生殖期，由于性腺发育的需要，摄食量比平时要大得多。

泥鳅不同生长阶段的食性变化规律为：体长 5 厘米以下的幼鳅，主要摄食动物类腥饲料，如浮游生物、枝角类、桡足类和原生动物；体长 5～8 厘米的鳅苗，由摄食动物类饲料转变为摄食杂食性饵料，如摄食甲壳类、摇蚊幼虫、水蚯蚓、水生或陆生昆虫及其幼体、蚬类、幼螺等底栖无脊椎动物，同时还摄食丝状藻、矽藻、水、陆生植物碎屑等；体长 8～10 厘米的成鳅，除摄食幼鳅和鳅苗时期的食物外，还摄食植物的根、茎和种子等；体长 10 厘米以上的大鳅（或称老鳅），以摄食植物性饵料为主。

泥鳅在不同的水温条件下，摄食的变化规律为：水温 15～30℃时，是泥鳅生长的最适宜温度范围，因而此水温范围内，泥鳅的摄食最旺。水温上升至10℃时，泥鳅开始觅食；水温上升至 15℃时，食欲渐增；水温上升至 24～27℃，是泥鳅摄食量的顶峰时期；水温超过 30℃时，泥鳅的食欲锐减；水温高达 34℃时，泥鳅停食，处于越夏状态；水温下降至 10℃时，泥鳅进入冬眠阶段。

二、泥鳅的繁育条件与特点

2～3 龄的泥鳅性腺发育成熟，即能产卵繁育后代。当水温达到 18℃时，泥鳅开始繁育；水温在 25℃时，繁育最盛。泥鳅的产卵期较长，从 4 月上旬至 9 月上旬都可产卵繁育（以长江中下游地区为例），其中以 5 月下旬至 6 月下旬为产卵盛期。

泥鳅系多次产卵型鱼类，产卵常在雨后、夜间或凌晨，须经数次分批产卵才能完成。泥鳅产卵很有特色，发情的泥鳅在水面游动，常有数尾雄鳅共同追逐 1 尾雌鳅，发情高潮时，雄鳅本能地将身躯蜷曲在雌鳅的身躯（如图 5-2），此时，雌鳅产卵，雄鳅排精，这样的产卵和排精动作，一般要反复 10～12 次，体型较大的泥鳅，次数还会更多（图 5-2）。

泥鳅产卵时的独特动作，其目的是借助身体间的挤压，达到产卵受精的效

果。产卵后的雌鳅，在身体两侧会各留下一
道近圆形白斑状的痕迹，这痕迹是衡量亲鳅
产卵量多少的标志。痕迹越深，产卵越多；
反之，则产卵不佳。泥鳅怀卵量与体长有一
定的关系：体长 8 厘米左右的雌鳅，怀卵量
约为 2 000 粒；10 厘米左右的雌鳅，怀卵量
约为 7 000 粒；12 厘米左右的雌鳅，怀卵量

图 5-2　泥鳅产卵示意图

为 10 000～14 000 粒；15 厘米左右的雌鳅，怀卵量为 12 000～18 000 粒；20 厘米
左右的雌鳅，怀卵量约为 24 000 粒。

　　泥鳅的卵呈圆形，黄色，半透明，略有黏性。卵径 0.8～1 毫米，吸水膨胀
后，卵径达 1.2～1.5 毫米。受精卵可黏附在水草或砖瓦、石块上，但黏着力较差。

三、亲鳅的选择与鉴别

　　选择亲鳅是一项极其重要的工作，鳅种的好坏，直接关系到泥鳅繁育的
成败。

　　在挑选亲鳅时，必须选择 2 龄以上、体质健康、无伤病、体表黏液正常的
肥状成鳅。雌鳅的体长要在 10 厘米以上，体重要在 16 克以上，且腹大而柔
软，有弹性，呈微红色；雄鳅体长要在 8 厘米以上，体重要在 10 克以上。一
般来说，亲鳅越大越好。

　　对雌、雄亲鳅的鉴别，可根据个体的外形特征来区别。雌鳅一般个体较
大。胸鳍较短，且末端较圆，第 2 鳍条的基部无骨质薄片；背鳍无异常现象，
腹部在产前明显膨大而且较圆；背下方体侧无纵隆起现象；腹鳍上方体侧在产
后有一白色圆斑。雄鳅一般个体较小。胸鳍较长，且末端尖而上翘，第 2 鳍条
的基部有一骨质薄片，鳍条上有追星；背鳍末端两侧有肉瘤；腹部不膨大，较
平扁；背鳍下方体侧有纵隆起；腹鳍上方体侧无圆斑（图 5-3、图 5-4）。

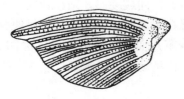

图 5-3　雄鳅的胸鳍

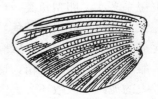

图 5-4　雌鳅的胸鳍

第二节 泥鳅的繁育方法

一、泥鳅的自然繁育常识

野生泥鳅的繁育，是依靠自然产卵授精、自然孵化繁衍后代的。由于敌害的侵袭、水质、气候和自然环境等因素的制约，泥鳅自然繁育的成活率普遍较低。为提高成活率，在繁育季节里，将天然水域中捕获到性腺成熟的泥鳅，集中于供繁育用的场地，让其自然产卵孵化。

繁育场可以选择稻田、池塘和沟渠，水深保持 20 厘米左右，用密织网片或石棉瓦围成 3～10 米² 的水面作为产卵池，若能保持一定的微流水则更佳。如有家鱼人工繁育用的产卵池，稍作改变，亦能利用。在产卵池内需放置些垂柳根、棕榈皮和水浮莲等做鱼巢。

雌雄比例为 1：2，每平方米面积可投放雌性亲鳅 7 尾左右，雄性亲鳅 14 尾左右。水温在 18～20℃时，泥鳅一般在雨后或半夜时产卵，每尾雌鳅 1 次产卵 200～300 粒（经过多次产卵方能产完）。每尾雌鳅总产卵数为 3 000～5 000粒，受精卵附在鱼巢上，但黏着力较差，极易脱落。产卵结束后，应将鱼巢小心捞起，移置于育苗池中孵化。

育苗池面积一般在 40 米² 左右，以长方形为宜。在池子的堤埂四周筑一道高于地面 30 厘米的防逃墙，主要是防止下雨时水位上升而逃鳅。育苗池须预先清塘，并施基肥。

40 米² 面积的育苗池，可吊挂 50 万粒受精卵，一般可孵化 20 万尾鳅苗。孵化时，将卵巢吊在离水面约 10 厘米处，上方用芦蓆或草包遮阴，同时要防止青蛙等敌害生物的侵袭。

在水温 19℃时，受精卵经 50 小时左右即可出膜，一般是尾部先出膜，然后头部出膜。孵出的鳅苗仍在原池内培育。刚孵出的鳅苗无色透明，全长 3 毫米左右，头部弯向腹部，体形不像亲本，并具有外露鳃条，身体侧卧于水底，很少游动，完全靠卵黄囊提供营养。孵出后 2 天，体表出现色素细胞，卵黄囊缩小。孵出后 3 天，鳅苗体色变黑，卵黄囊逐渐消失，口器形成，肌节增多，胸鳍扩大，鳔出现，开始短距离地平行游动并开始摄食。此时应投喂些煮熟的蛋黄，以每 10 万尾鳅苗每天投喂 1 个蛋黄为妥，以后逐渐改投浮游生物。经 30 天左右的培育，鳅苗即可转入鳅苗培育池培育。

二、泥鳅的人工繁育常识

1. 准备工作 泥鳅人工繁育时，在产前必须备齐常用器具。①备直径6厘米左右的研钵2只，以供研磨脑垂体和精巢之用；②备容量为1~2毫升的医用注射器数支及4号注射针头数枚，用于亲鳅注射催产剂；③备解剖用的剪刀、刀、镊子各2把，用于摘取雄鳅精巢；④备家禽翅膀上的硬质羽毛数支，用于搅拌卵和精液；⑤备500或1 000毫升容量的细口瓶1只，用于存放配制的林格氏液；⑥备10或20毫升规格的吸管2支，用于吸取林格氏液；⑦备500毫升烧杯或搪瓷碗数只，用于存放人工授精时的卵和精液；⑧备毛巾数条，用于注射时包裹亲鳅；⑨备水盆或水桶数只，用于亲鳅产前暂养。

2. 催产剂的种类及其功能 目前，常用的催产剂有3种：

（1）鱼类垂体促性腺激素（简称脑垂体） 生理功能主要是促进精子、卵子的发育，排精、排卵，控制性腺分泌激素，并能引起副性征的出现。

（2）绒毛膜促性腺激素（简称HCG） 生理功能主要是促使排卵，同时具有促使性腺发育、促雌性或雄性激素产生的作用。

（3）促黄体生成素释放激素类似物（简称LRH-A） 生理功能主要是刺激脑垂体合成和释放促性腺激素，促使性腺进一步发育成熟，并能刺激排卵排精，还具有良好的催熟作用。

LRH-A系化学合成的白色粉末状激素，其特点是：高效、量微、药源丰富、配制方便、成本低，不直接作用于性膜，副作用甚微。且剩下的药液仍能继续留用，但应避光、干燥保存，低温条件下保存更好，不易失去活性。这种化学合成的类激素化合物，不仅从根本上解决了脑垂体采集困难和来源紧缺的问题，还能在繁育季节里，对一些性腺发育尚差的亲鳅，使用低量注射，能获得理想的催熟效果，雌鳅的卵核能较快地偏位。雄鳅精液增多，其催熟作用远比脑垂体或绒毛膜激素强。

3. 催产剂的采制、使用和配制方法

（1）脑垂体的采制 采制脑垂体时，应挑选性腺成熟的鲤、鲫和青蛙作为采集脑垂体的对象。因为性腺尚未成熟的鲤、鲫和青蛙，其垂体有效成分的含量甚少；而性腺成熟的采集对象，其垂体的有效成分相当丰富。采集时间以冬至清明为好，因为这一时期，采集对象的脑垂体质量相对高些。采集脑垂体时，应采集鲜活的对象，不宜选用死亡已久的对象。

　　脑垂体位于间脑腹部，与下丘脑相连（图5-5），脑垂体的采集方法是：在鱼的头部两鼻孔间，两眼上缘，用刀把颅顶骨切开，除去脂肪，即见到鱼脑部。再用镊子将整个脑部翻出，则能见到白色或浅黄色的垂体。此时，须用尖头镊子轻轻地撕开垂体表面的薄膜，将垂体取出。尽可能使垂体取出时保持颗粒完整，不破碎。若颗粒稍有破碎，也可采用。青蛙脑垂体的采集方法，可参照鱼脑垂体的采集方法进行。

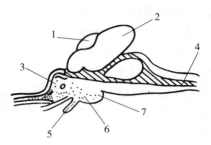

图5-5　脑垂体示意图
1. 中脑　2. 小脑　3. 大脑　4. 延脑
5. 垂体　6. 下丘脑　7. 间脑

　　取出略带血水的垂体，可用镊子轻轻地将其置于手背上，用镊子轻推垂体几下，使血水留在手背处，垂体保持基本清洁。然后把垂体浸入相当于垂体体积10倍以上的纯丙酮中，进行脱水和脱脂。存放垂体的容器一般选用60毫升左右的棕色细口玻璃瓶。当第一次采集结束时，可先将集中放置垂体的棕色细口瓶内的丙酮倒掉，再补加入丙酮，其用量相当于原来的容积，然后盖好瓶盖，将瓶子反复摇动数次，置于干燥阴凉处。要24小时换1次纯丙酮，经2～3次换液后，垂体中的水和脂肪基本脱掉，此时，可将垂体取出，置于滤纸上晾干。垂体干燥后，呈乳白色或略带淡粉红色的颗粒，再装入干燥的棕色细口玻璃瓶中，密封瓶口，贴上标签，写明采集日期和鱼的品种。

　　脑垂体除上述干燥保存法外，还可采用浸入法保存。即在最后一次换液后，注入新鲜丙酮，将垂体与丙酮一并密封于棕色细口玻璃瓶中贮存。

　　此外，还可用甘油（丙三醇）浸渍法保存。即把定量的干燥脑垂体研磨成粉末状，浸入一定体积的甘油中，浸渍时间为3个月以上。使用时，取出定量的垂体甘油浸出液，按所需浓度，用水稀释后即可注射。

　　新鲜的脑垂体取出后无须保存也可直接使用。先将垂体置于研钵内捣碎，并加少许生理盐水，研成糊状，再注入定量的生理盐水。待沉淀后取出清液，即可注射。

　　（2）绒毛膜促性腺激素的制作方法　绒毛膜促性腺激素在孕妇的尿液中含量较高，尤以怀孕后2～4个月的尿液为最佳。以后含量逐渐减少。每天以清晨第一次尿液含量最高。

　　自制绒毛膜促性腺激素的方法简单，容易操作掌握。只要配备一些药液和添置少许常用设备便可操作。但每天需收集到相当量的孕妇尿液，一般以居民集中的城镇设立收集制作站为妥，最好是中等人口以上的城市，以确保孕妇尿液量。

孕妇怀孕信息可通过医院、大型工矿企业医务部门和计划生育办公室等单位获得。获得怀孕信息之后，要登门拜访做工作，消除思想顾虑，在取得孕妇本人和家属允诺后，留一存尿容器在孕妇家中，告之方法和要领，取尿员每天定时去取尿液。对乐意合作的孕妇，给予适当报酬，更有利于工作的顺利进行。

绒毛膜促性膜激素的制作方法为：收集到的孕妇尿液经纱布过滤后，集于一搪瓷圆桶内，称出其重量。然后加入 10％工业盐酸溶液，使尿液的氢离子浓度调整到10 000纳摩尔/升（pH5）。再在每升尿液中加 100 毫升苯甲酸酒精饱和液。尿液即呈乳白色，此时需搅拌 30～45 分钟，搅拌后静置 24 小时。

经静置后的尿液上下分层。上层黄色清液去掉，留下层乳白色沉淀液。在此液中加 95％的酒精，按每升白色液加 80～90 毫升酒精的比例。加酒精后的液体呈棕色，再静置 24 小时。

静置后的液体，用真空抽气泵抽出粗激素，加入冰醋酸与醋酸钠配制成的缓冲溶液，将液体的氢离子浓度调整在15 850纳摩尔/升（pH4.8），用量为每升加 15～20 毫升。然后用转速为每分钟3 000转的离心机分离，每次时间为30～40 分钟。离心后留下清液，集中置于 500 或1 000毫升量筒内，用 95％的酒精析出激素。激素与酒精的比例为 1∶8，又需静置 24 小时。静置过的沉淀物用丙酮或乙醚干燥。当天气较暖、气温在 15℃ 以上时，尿液需加由苯酚、酒精和水配制成的防腐剂。

常用溶液的配制比例和要求：

10％工业盐酸液：按盐酸与水比例为 10∶100。

苯甲酸酒精饱和液：苯甲酸与酒精的比例为 300∶1 000。

缓冲溶液：1/15 摩尔/升（1/15 克分子浓度）的醋酸钠＋水＋冰醋酸＝9.07 克＋100 毫克＋3 克。此液须隔天配好。

（3）绒毛膜促性腺激素和脑垂体的生物检定　生物检定是利用动物或活体组织来测定药物有效成分的一种方法。在规定的条件下，测定生物或组织对药物的反应程度，以此比较待测样品与其相应标准样品的效价。

绒毛膜促性腺激素和脑垂体的生物检定，常用方法有雄性蟾蜍排精法和雌性蟾蜍离体跌卵法。

①雄性蟾蜍排精法：取体重 30～50 克的雄蟾，皮下注射一定量的绒毛膜

促性腺或脑垂体，置20℃恒温内3小时，能引起排精所需的最低剂量，称最低有效剂量。

②雌性蟾蜍离体跌卵法：取含卵100粒左右的卵巢块，置于30毫升任氏液中，并加入不同量的绒毛膜促性腺激素或脑垂体粉末，在16～18℃的条件下，经24小时，跌卵50％以上的最低用量，即为1个蟾蜍单位或称1个效价。

（4）使用催产剂的原则　对性腺成熟较差的亲鳅，尽可能选用LRH-A及脑垂体作催产剂，并适当提高其剂量。因为成熟较差的亲鳅，其卵巢的过渡可能尚未完成，也就是说其卵巢对催产剂的作用还欠敏感，因而适当增加剂量，可在短期内促使卵细胞成熟，有利于产卵。一般可比常规剂量增加20％～25％。

对腹部特别膨大的雌鳅，一般应适当减少注射量，尤其是使用绒毛膜促性腺激素和脑垂体时。

（5）催产剂的配制方法　凡需配制脑垂体，应先置于干燥的研钵中研磨成细粉，再逐渐加入林格氏液，并搅拌均匀。如将药液进行离心，取其清液，既可防止针头堵塞，又可减少异性蛋白注入亲鳅体内。

若配制HCG或LRH-A时，则可将其放入研钵中，逐渐注入林格氏液，让其充分溶解即可。

催产剂应随配随用。在气温偏高时节，如已配制好后暂不使用，可置于冰箱内保存。

林格氏液的配方为：在1 000毫升的蒸馏水中，加入氯化钠7.5克、氯化钾0.2克、氯化钙0.4克，并使其充分溶解。

4. 人工催产及受精　按选择亲鳅的标准，挑选体质健壮的亲鳅，雌雄比例为1：2。凡属可催产的亲鳅，则注射催产剂。注射剂量每尾雌鳅用鲤鱼脑垂体0.5～1个，也可用青蛙垂体2个，或注射LRH-A 5～8微克。注射绒毛膜促性腺激素（HCG），每尾注射500～600国际单位。对于个体较大的亲鳅，可适量多注射一些。

注射催产剂在操作时，由一人将选好的亲鳅用半干半湿的毛巾包住，使其腹部朝上；另一人进行腹部注射，进针方向大致与亲鳅前腹呈45°，针尖刺进深度不得超过0.4厘米。

注射催产剂后的亲鳅，置于注有清洁水的缸内，观察其药效反应。一般情况下，水温在20℃左右时，效应时间约15小时；水温在25℃左右时，效应时间约10小时；水温在27℃左右时，效应时间约8小时。

人工催产的亲鳅，可自行产卵受精，亦可进行人工授精。若采用人工授精，则在临近效应时间时，要认真观察水体中亲鳅的动静，若发现雌雄亲鳅追逐渐频，表明发情已达高潮，即可进行人工授精。此时轻挤雌性亲鳅的腹部，将成熟的卵挤入烧杯或搪瓷碗中，同时将雄鳅的精液也挤到上述容器中。若亲鳅（雄鳅）的精液很难挤出，可采用剖腹取精巢的方法。泥鳅的精巢紧贴于脊椎两侧，剖开腹部后用镊子轻轻取出，取出精巢后，用剪刀剪成碎片，放入生理盐水中待用，也可直接与卵搅拌受精。

一般来说，2 条雄鳅的精子配 1 条雌鳅的卵，用羽毛充分搅拌，加入任氏液 150～200 毫升，静置 3～5 分钟，再加入清水洗去血污或杂污，即可将受精卵移入孵化缸进行孵化。

孵化缸一般由镀锌铁皮制成，大小可根据需要设计制作。一般高为 1 米，缸上部直径为 90 厘米，下部直径为 75 厘米，形成上大下小的近似圆柱体结构。在与进水管相连处，用铁皮制成倒圆锥形结构。

排水槽主要由镀锌铁皮、铅丝和筛绢组成。用镀锌铁皮制成圆环形的水槽，8 号镀锌铅丝为水槽上缘的加强筋；用筛绢制成上口直径 70 厘米、下口直径 90 厘米、高 10 厘米的网罩，与 8 号镀锌铅丝制成的网罩架在用锡焊而成排水槽的内环。筛绢由 60 目尼龙丝筛绢或 50 目铜丝筛绢制成（图 5-6）。

支架由镀锌铁管或黑铁管与扁钢组成，尺寸与缸体相配。

进水管一端与缸体相连，另一端或直接与闸阀相连，或经橡胶管再与闸阀相通。进水管径为 15 毫米。

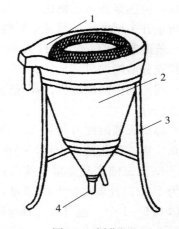

图 5-6 孵化缸
1. 排水槽 2. 缸体 3. 支架 4. 进水管

孵化缸的设计总高度不宜超过 1.4 米。孵化缸太高，不仅不便于操作，也可能因缸体太深，当水压不足时，由于水的冲力不够而致鳅卵、鳅苗下沉，导致死亡。

除上述铁皮孵化缸之外，还可以采用塑料孵化缸和陶土孵化缸。

塑料孵化缸除选用材料与铁皮孵化缸不同外，其结构、形式、外形尺寸等均可参照上述铁皮孵化缸制作。

陶土孵化缸即常见的由陶土烧制而成的陶缸，也可以用水缸改制而成。一般选用的水缸形状、尺寸与铁皮孵化缸相仿，但须在缸底开一孔，并将缸底用水泥改制成圆锥形。

5. 利用孵化缸孵化鳅卵的操作方法　利用孵化缸孵化泥鳅受精卵，是将孵化缸由缸底部进水，水流由下向上垂直移动，从顶部筛绢溢出，经排水槽上的排水管排出。

水的流速由散落在水中鳅卵的浮沉状况来决定。只要能看到鳅卵在缸中心由下向上翻起，到接近水表层时逐渐向四周散开后逐渐下沉，就表明流速适当。如鳅卵未及表层就下沉，表示水的流速太小；反之，若水表层中心波浪踊跃，鳅卵急速翻滚，表示水的流速太快。刚孵出的鳅苗对水的流速要求与鳅卵相同，待鳅苗能平水游动时，流速可稍缓一些。

鳅卵脱膜时，大量的卵膜在相对集中的时间内漂起涌向筛绢，造成水溢受堵，此时应用长柄毛刷在筛绢外缘轻轻刷动或用手轻推筛绢附近的水，以便使黏附在筛绢上的卵膜脱离筛孔，使水流保持畅通。在脱膜阶段，必须经常地清除筛绢上的卵膜，以免筛孔全部受阻后，水由筛绢上口溢出，造成失卵。

6. 孵化环道的结构与操作　孵化环道的主体由水泥构成，同时，附设环形排水槽、纱窗、进水喷嘴、进水水管阀和出苗池等（图5-7）。

孵化环道是鳅卵孵化的场地，一般可分为内、外两圈孵化环道。内、外圈环道分别安装进水管阀引入水源，以控制流量。在环道的底部，设有形似鸭嘴的喷嘴。喷嘴的作用是增强水的压力和喷水距离，以确保水体沿环道作圆周流动。环道内的水经纱窗流入环形排水槽，由排水管阀流出。

出苗池是位于环道外壁的长方形水池，由管道与孵化环道相连，管道口用闸板闸住。待出苗池轻启闸板时，鳅苗连水经管道流入出苗池中的集苗箱内。

建造环道时，必须做到环道内、外两壁与池底连接处呈弧形，不可做成直角形，否则，会因水流造成死角而导致鳅卵下沉。

环道的外形尺寸可按生产规模来定。常见的环道外围直径为 8 米，内圈直径为 4.5 米；环道的宽均为 1 米，

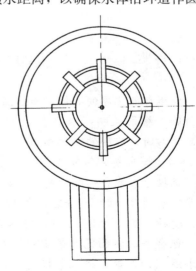

图 5-7　孵化环道平面示意图

深为 0.9 米。

在孵化过程中,环道的水流速度是一个至关重要的外界因素。适宜的水流速度,可确保卵、苗在水中浮动。在开始进卵阶段,流速可稍慢一些,随着进卵数量的增多,水流速度逐渐加大,待进卵结束时,调整流速到最佳大小,并保持水流速度基本稳定。

当鳅卵集中脱膜时,大量的空卵膜会随水流附着于纱窗之上,同时,会造成尚未脱膜的卵也容易黏附在纱窗上,对此,须用手经常加速甩动纱窗附近的水体,以让卵膜等附着物脱离纱窗,并用长柄毛刷清洗纱窗上的滞留的卵膜。

7. 特殊形式的孵化设施 除上述两种适宜于具有相当孵化规模单位使用的孵化设施之外,养鳅专业户从生产实践中,总结出了另两种小水体孵化设施,也具有良好的实用价值。

(1)利用网箱孵化 利用聚乙烯网片制成 5～10 米² 的网箱,箱体高于水面 30～40 厘米,水深不大于 50 厘米,置孵化网箱于微流处的水体中(也可人工用机械驱使水体微流),保持水质清新。每个网箱可放卵 20 万～40 万粒。

(2)水容器静化孵化 采取换水的形式来保证水质清新,一般每天换水 3～5 次。水深 20～30 厘米,每升水可放卵 500 粒左右。孵化期间,保持孵化容器中 24 小时有水不断"叮咚"下滴。当水位深度被"叮咚"下滴的水增长至 35 厘米时,换水 1 次。

资料　　　鳅卵的胚胎发育

泥鳅卵孵化率的高低,与水温有密切的关系。以同一批受精卵进行对比试验,结果表明:水温在 15℃左右时,鳅卵的孵化率为 80%;水温 20℃左右时,鳅卵的孵化率为 94%;水温在 25℃左右时,鳅卵的孵化率为 98%。鳅卵孵化时间的长短,与水温的高低也有关系。

据报道,鳅卵的胚胎发育为:卵子受精后,原生质向一端移动,形成胚盘;受精 2 小时 15 分时,当水温 16℃时开始第一次卵裂而进入 2 细胞期;受精后 2 小时 30 分时,当水温 19℃时进行第二次分裂而进入 4 细胞期,也有个别卵已完成第三分裂而进入 8 细胞期;受精后 7 小时 15 分,当水温 19.5℃时,进入桑椹期,有的已发育到囊胚期;受精后 10 小时 45 分,当水温 17℃时,细胞逐渐下包,进入原肠初期,有的已发育到原肠中期；受精 28 小时 15 分，当水温 14℃时，胚体形成，但尚未出现肌节；受精后 34 小时 40 分，当水温 21℃时，胚胎上形成 13 个肌节，眼泡出现；受精后 36 小时 15 分，当水温 17.5℃时，肌节增多至 17 节，耳囊出现，有的已有 22 个肌节，肌肉能够轻微收缩，卵黄囊成为梨形；受精后 46 小时 45 分，当水温 19℃时，心脏形成，每分钟收缩 24 次，有少量血液，但血管尚未形成，头部嗅囊长成，尾部脱离卵黄囊，能来回摆动，再经过 2 小时，鳅尾即从卵膜中孵出（图 5-7）。

刚孵出的鳅苗体长仅为 3.7 毫米左右，全身肌节 40 节，其中躯干部分 27 节，尾部 13 节。背部有稀疏的黑色素，卵黄囊前段上方有胸鳍的胚芽，卵黄囊前段的头部具有孵化腺，吻端具有粘着器官，鳅苗借此使身体悬挂在鱼巢上。血管系统已形成，卵黄前端有粗大的居维氏管。孵出后 8 小时 30 分左右，鳅苗长至 4.1 毫米时，全身有较粗的黄色素，口裂出现，但上下颚不能活动，口角上发生第 1 对触须的芽孢，鳃盖形成，鳃丝伸出鳃盖外面，形成外鳃（图 5-8）。

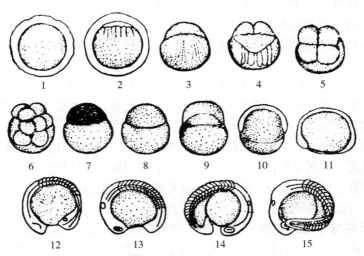

图 5-8　鳅卵的胚胎发育

1、2. 原生质向一端移动　3. 胚盘形成　4. 2 细胞期　5. 4 细胞期　6. 8 细胞期
7. 桑椹期　8. 囊胚期　9. 原肠初期　10. 原肠中期　11. 胚体形成期
12. 眼泡出现期　13. 耳囊出现期　14. 卵黄囊成梨形　15. 心脏形成期

第六章
泥鳅的生态繁育模式

第一节　泥鳅在稻田的繁育模式

一、繁育泥鳅稻田的选择与改造

利用稻田繁育泥鳅，是将一定数量的亲鳅投入稻田内，让其自繁、自衍和自育，这种生态环养方法大有作为。因为，稻田里有优越的繁育泥鳅环境、充足的饵料和宽松的休养生息场所。鳅苗在稻田里自然孵化后，能以弱小的微生物和弱生水草为饵，少投饲料或不投饲料，都可以生产出较多的鳅苗。

我国有稻田 3 亿多亩，其中，一半以上的稻田都能繁育泥鳅。充分利用这些湿地资源，对泥鳅实行稻田自繁、自衍、自育和自行成长为商品泥鳅，大大有益于农家致富。

1. 稻田的选择　用作繁育泥鳅的稻田，一般选择地势较低、保水性能好、周边水域无工业污染的田块。此外，还要求其田块的土壤肥沃。据试验，在高产稻田中繁育泥鳅，比低产稻田中产量要高 1 倍以上（这种产量不单指鳅苗的产量，亦包括成鳅产量）。

2. 田块与堤埂的改进　选定用作繁育泥鳅的稻田，其田埂应在冬闲期，结合稻田的改造，进行加高、加宽和加固。埂高要求高出稻田 50 厘米以上，埂宽在 100 米以上。田埂加高、加宽之后，要夯实、压牢，确保稻田不漏水。对用作大面积锁水的老堤坝，应铲除杂草和树木，灭鼠堵洞。

繁育鳅苗的稻田，应按标准进行整改。具体的整改工作是：在田内按一定的繁育模式，开挖 1 条或多条供亲鳅和鳅苗避暑、避旱或避高温的鳅沟（或称鳅溜）。开挖鳅沟时，要根据田块的大小，酌情考虑鳅沟的宽度和深度。一般沟宽为 1 米左右、沟深为 0.5～0.6 米。开挖鳅沟的泥土，可散布在稻田中，也可甩在田埂上。鳅沟的占地面积，为全田面积的 8% 左右。

3. 修好进、排水体系　繁育泥鳅稻田的进、排水设施的修建工作，应结合开挖鳅沟来综合考虑。开挖进、排水沟渠时，应考虑多个田块的整体排灌和鳅沟的方向等问题。同时，对于稻田外界蓄水沟渠的开凿和改造，也要认真施工，力争做到要水即灌，恶水即排。

二、稻田繁育泥鳅的常规模式

1. 田字形鳅沟模式　见图 6-1。

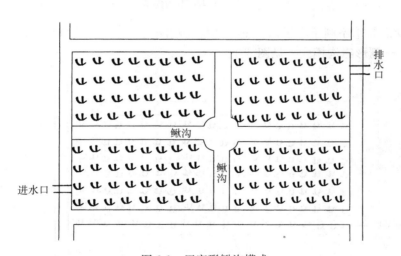

图 6-1　田字形鳅沟模式

【优点】①排灌方便；②水田耕整方便；③利于操作和管理；④收获水稻方便；⑤抗温差性能好；⑥所繁养的泥鳅栖息均匀。

【缺点】①鳅沟淤塞现象严重；②鳅苗越夏管理不方便；③冬季（鳅苗入蛰期）池底干旱现象严重。

2. 窗口形鳅沟模式　见图 6-2。

【优点】①鳅沟抗淤塞性能好；②亲鳅或鳅苗越夏安全；③投喂饲料省工、省时；④有利于收获鳅苗；⑤鳅苗越冬安全；⑥抗药、肥害能力强。

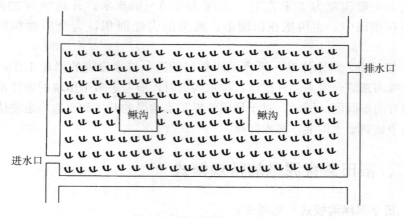

图 6-2　窗口形鳅沟模式

【缺点】①不利于水稻田耕整；②抗天敌能力差；③鳅苗栖息不均匀。

3. 一侧形鳅沟模式　见图 6-3。

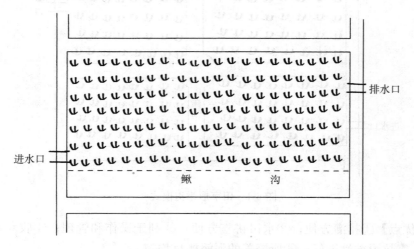

图 6-3　一侧形鳅沟模式

【优点】①有利水稻田的耕整；②有利水稻的收获；③抗敌害性能好；④管理方便；⑤投食方便；⑥抗药、肥能力强。

【缺点】①抗温差能力较差；②鳅苗外逃现象严重；③鳅苗越夏时，鳅沟内的水温常超过 32℃。

4. 撮箕形鳅沟模式 见图 6-4。

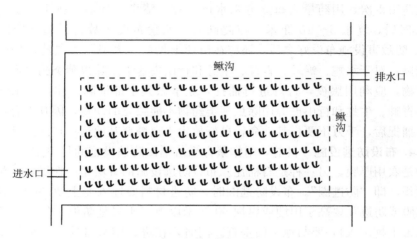

图 6-4 撮箕形鳅沟模式

【优点】①有利于管理；②抗敌害能力强；③水稻生产操作方便；④抗药、肥害能力较强；⑤不怕鳅沟淤塞。

【缺点】①鳅苗越夏时，水温常超过 32℃；②鳅苗外逃现象严重。

三、亲鳅投放前的工作重点

1. 利用冬闲稻田空置期，重施农家肥 利用稻田繁育泥鳅，一般在常规中稻田中进行。稻田选择好后，应利用稻田冬季闲置期，首先将稻田翻耕一遍，耕后不耙，让其泥垡日晒和冬凌，以改良土壤的团粒结构。池底（稻田）翻耕后，在田内按 1 000 米^2 面积重施腐熟的农家肥 4 000～5 000 千克。足够的底肥，对提高水稻的产量和促进鳅苗的快速生长都有极大的好处。

2. 提早整田 繁育泥鳅的田块，一般采用传统的水耕水整的方法。耕整时间，应比常规中稻田的耕整时间提前 20 天进行。水田耕整好后，可在泥床上按 1 000 米^2 面积施用磷肥（过磷酸钙）30 千克、碳铵 30 千克。化肥施用后，再用耖子整拖一遍，以防肥料流失。

3. 杀灭或清除敌害生物 杀灭和清除泥鳅繁育田块中的敌害生物，是保障泥鳅繁育成功、提高鳅苗或成鳅产量的关键。

稻田常见的泥鳅敌害生物有水蛇、水老鼠、黄鳝、淡水小龙虾、蟾蜍、青蛙、牛蛙和行山虎等。对此，应在水稻田耕整后，灌水 40 厘米，用氯氰菊脂彻底清田 1 次，用药量为每立方米水体 1 克。清田 1 周后，排干田水，露晒 24 小时后，复水 5～10 厘米。与此同时，抓紧布设防敌害设施（即防逃设施）。防敌害设施布设好之后，还应在田埂上投放"大卫"灭鼠药，彻底消灭水老鼠。对于水蛇、蟾蜍、青蛙、牛蛙和行山虎这类用除虫菊类药物不能杀灭的动物，应利用黑夜，打灯进行捕捉，立争做到全部清除。注意：水蛇、蟾蜍、青蛙、牛蛙和行山虎等用除虫菊类药物不能致死的动物，因其大有益于人类，捕捉后，千万不要伤其性命，最好放生于离繁育基地远一点的野外。

4. 布设防逃设施　目前，用作繁育鳅苗稻田防逃设施的材料主要有两种：一种是农用厚膜，另一种是石棉瓦。布设防逃设施的方法是，在堤埂上包围繁育面积，即"防逃圈"。布设防逃圈时，防逃材料要埋入泥土 20 厘米深以上。防逃膜或防逃瓦要高于田埂或堤坝 60 厘米以上（不只是防泥鳅外逃，还要防止敌害生物窜入），要与地平面垂直。同时，在进、排水口处，还必须布设双重的防逃设施。

5. 适时插秧　繁育泥鳅的稻田，其插秧的最佳时节是 5 月下旬，插秧的密度按常规进行。插秧时，每间隔 2 米留一道 40 厘米宽的厢行。开厢方向最好是南北向，以利通风透光。

四、亲鳅的投放与日常管理

利用常规中稻田繁育泥鳅，一般每1 000米² 面积投放体长 15～20 厘米的亲鳅 600 尾左右。鳅种最好选择日本乌鳅或湖北乌鳅，也可选择湖南、湖北地区的野生黄板鳅，但不能选用稻田里捕捞的野生小黄鳅或小花鳅。亲鳅一般在插秧后的第 2～4 天投放。

因自然界水域中，泥鳅的雌雄比例基本正常（即雌雄比例 1∶2 左右），故购种时，不必要考虑其雌雄比例问题。

泥鳅的自然繁育能力特强，只要没有敌害，自然产卵孵化的成活率高达 98％。因此，亲鳅投放后，不必要人工摧产（泥鳅几乎常年产卵），只需要认真做好日常的管理工作就行。

1. 饲养管理　泥鳅属杂食性动物，在自然界水域中，它以水溞、水丝蚓和浮游生物作主食。人工繁育或养殖时，应采取施肥的措施，来培育天然饵料。厩肥最好选用腐熟的人畜、禽鸟粪便，追肥最好选用尿素和磷肥。但不能使用氯化钾肥，必要在稻田中施用钾肥时，可酌情补施草木灰（硝酸钾）。每次追施尿素时，每1000米² 面积不得超 18 千克；追施磷肥，每年只需 1 次，每次每1000米² 面积 20 千克就行了。

泥鳅的食性极杂。幼鳅、成鳅和亲鳅的食性都一样，除摄食天然活饵之外，还摄食人工配制的饲料。常见的人工捕捞和加工制作的泥鳅饲料，有蚯蚓、蝇蛆、螺肉、蚌肉、蚬肉、鱼糊、鱼粉、米糠、麦麸、豆渣、饼粕、荞麦粉、熟山芋、米粉、玉米粉、野果和蔬菜叶等。

投喂人工饲料，首先要重视质量，其次是要合理分配数量。即依据水体中溶氧量的高低、天气的好坏和水温的高低等情况，恰到好处地投喂适量的饵料，以提高饲料的利用率，减少不必要的浪费。

下面以1000米² 面积、投放 600 尾 15～20 厘米的亲鳅为例，按水温和月份来决定投食量，列表 6-1 予以说明。

表 6-1　稻田繁育泥鳅每月投食总量参考

（以 1000 米² 面积、投放亲鳅 600 尾为例）

当年			翌年		
月份	月投食量（千克）	日平均水温（℃）	月份	月投食量（千克）	日平均水温（℃）
4	0	17 左右	4	100	17 左右
5	0	23 左右	5	180	23 左右
6	20	26 左右	6	240	26 左右
7	35	29 左右	7	240	29 左右
8	25	32 以下	8	180	32 以下
9	100	25 以下	9	240	25 以下
10	80	21 以下	10	180	21 以下
11	10	16 左右	11	40	16 左右

给亲鳅或翌年幼鳅投喂饲料时，要注意以下几点：①不投喂变质的饲料；②将饲料尽可能投放于鳅沟之中；③天气晴好时多投，天气不好时少投，天气恶劣时不投；④水温低（18～25℃）时少投，水温适宜（25～30℃）时多投，水温高（30～32℃）时少投或不投（因为泥鳅在盛夏高温时期，有越夏的习性，泥鳅越夏期不吃不动）；⑤坚持植物饲料、动物饲料与粮食饲料穿插投喂；⑥把投食的时间安排在 10：00～11：00；⑦水体缺氧时少投，水体严重缺氧时不投。

2. 水管理　繁育泥鳅的稻田，在管水时，既要照顾水稻的生产，又要考虑亲鳅或稚鳅的繁育与生长。最佳的管水方法见表 6-2。

表6-2 繁育泥鳅稻田各阶段水管理参考

月份		管水深度（厘米）	水稻生产进程	施肥与施药时短期管水（厘米）	备 注
4	上旬	20	空闲期		翌年
	中旬	20	空闲期		翌年
	下旬	20	空闲期		翌年
5	上旬	20	空闲期		翌年
	中旬	10	耕整期		当年或翌年
	下旬	10	插秧期	10	当年或翌年
6	上旬	5～8	苗期	5～8	当年或翌年
	中旬	0～8	第一次晒田	0	当年或翌年
	下旬	5～8	茂盛生长期	5～8	当年或翌年
7	上旬	5～8	茂盛生长期	0或15	当年或翌年
	中旬	5～8	封行期	0或15	当年或翌年
	下旬	0	第二次晒田	0	保持鳅沟有水
8	上旬	10～5	孕穗期	10～15	昼深水夜浅水
	中旬	10～5	拔节期	10～15	昼深水夜浅水
	下旬	8～5	抽穗期	8～5	昼深水夜浅水
9	上旬	8～0	成熟期		自然落干
	中旬	0	收获期		保持鳅沟有水
	下旬	20	空闲期		当年或翌年
10	上旬	20	空闲期		当年或翌年
	中旬	20	空闲期		当年或翌年
	下旬	0	空闲期		缓缓排干田水

3. 亲鳅或鳅苗越夏期的管理 当水田的水温上升至32℃以上时，亲鳅或幼鳅的活动会基本停止。即进入不摄食、不活动的越夏状态，此阶段大致在7月下旬至8月中旬。在此期间，水稻生长恰逢第二次晒田，对此，要确保鳅沟或鳅溜内有水，并将鳅沟或鳅溜的水温控制在35℃以下（越低越好）。如果鳅沟或鳅溜的水温在32℃以上昼夜居高不下，应立即采用向沟或溜内移植水葫芦的办法，遮光降温。一旦水稻晒田达到目的，应马上复水，并将田水灌至10厘米左右，以防盛夏高温对亲鳅和幼鳅的危害。此外，亲鳅或幼鳅在越夏时，要尽量避免人工在鳅沟和鳅溜中操作，保持环境安静。

4. 施肥与施药 繁育泥鳅的稻田，在施肥或施药时，最好选择在阴天或晴天的早晨进行。在施肥时，要将一次的用量，分2次施完，2次间隔时间为24小时；在施药时，可提升水位至10厘米左右，也可以排干田水施药，施药

24 小时后再将田水复原。在防治水稻病虫害药物的选择时，要择取低毒、高效，对泥鳅毒副作用小，无二次感染，无残毒危害的药物，以防死虫、死蛾掉入水中被泥鳅摄食后，产生中毒。喷药时，要打足气，提高药液的雾化程度和施药的均匀度。实践证明，只要按照科学的方法在稻田里施肥、施药，无论是亲鳅还是幼鳅，都不会发生肥害和药害。

5. 防逃　利用稻田繁育泥鳅，要经常检查防逃设施，发现问题，及时处理。在暴风雨之夜，要加强巡查，以防防逃膜或防逃瓦被风雨破坏。

五、入蛰与出蛰期的工作重点

在稻田里繁育泥鳅，一般采用两年一收。即当年 6 月初投放亲鳅，翌年 9～10 月收获鳅苗。因此，做好鳅苗入蛰和出蛰时期的工作，也是十分重要的。

当水温下降至 10℃ 以下时，鳅苗入蛰；当翌年的水温上升至 10℃ 以上时，鳅苗出蛰。通常，我们把泥鳅从入蛰到出蛰这段时间，叫作冬眠期或称越冬期。利用稻田繁育泥鳅，一般采用无水越冬。其管理要点如下：

（1）10 月中旬缓缓排干田水和鳅沟之水。

（2）全越冬期要保持繁育泥鳅的田块基本湿润。在干旱严重时，应考虑灌一次"跑马水"，即向田里灌薄薄一层水后，迅速排干。

（3）在雨雪天气里，要保证田内无渍水，以防渍水结冰，造成鳅苗窒息死亡。

（4）严防黄鼠狼和老鼠窜入繁育泥鳅的田块中，刨洞吞食鳅苗。

（5）翌年 3 月下旬复水，初复水时，先灌 1～2 次"跑马水"，然后向田内注水 3～5 厘米，让其自然落干后，正式复水。正式复水后，保水 20 厘米，一直到水稻的第二次再生产。

资料　**已贮存鳅苗稻田的耕整方法**

已贮存鳅苗的稻田，一般在翌年 5 月上旬进行水稻的第二轮生产，生产的第一步是耕整带鳅的稻田。耕整时，最好采用传统的水耕水整的方法，即用水牛和曲辕犁带水翻耕，耕后用弯齿耙耙细泥垡，然后用木制轧滚轧整，使之达到插秧时那种稀泥糊状的平面。为了减少鳅苗的机械损伤，最好不要采用机器耕整。

鳅苗在翌年的培育要务为：

（1）鳅苗出蛰前（3月初），修缮培育基地的所有防逃设施。

（2）鳅苗"就田培育"的田块耕整好后，要花大力气，利用黑夜，打灯捕捉敌害生物。

（3）从5月中旬开始，参照表6-1，增投人工饲料。

（4）参照表6-2，合理管水。

（5）参照"亲鳅的投放与日常管理"的有关工作事项，认真做好鳅苗的培育管理。

（6）参照"鳅苗疾病的防治"，认真做好鳅苗的防病治病工作。

（7）从5月下旬开始，经常用传统的篾制花眼鳝笼，诱捕种鳅（去年投放的亲鳅），以防种鳅残食幼鳅。

（8）从6月20日开始，经常观察鳅苗的摄食状况。如果每天投喂的饲料很快就被吃光，说明鳅苗繁育的数量比预想中的要好，应适当增加投食量；反之，如果每天投喂的饲料都有剩余现象（剩余饲料腐败后，一般都会浮出水面），则应减少投食量，并要求认真做好清残工作。

（9）认真做好防逃工作。特别是在暴雨之夜，如果防逃设施出了问题，很有可能鳅苗会外逃得一干二净。因此，要加强夜间巡查，确保万无一失。

（10）指派专人负责，驱鸟、灭鼠、防敌害。

六、捕捞与收获

利用稻田繁育泥鳅，一般采用当年5月下旬至6月上旬投苗，翌年9～10月收获鳅苗的繁育套路。也可根据特殊情况，将鳅苗贮存于第三年5月出售。一个管理方法得当的繁育稻田，每1 000米² 面积可产3～5厘米的鳅苗10万尾以上。

下面来介绍两种捕捞鳅苗的方法：

1. 笼捕 选择较暖和的天气，在育鳅田中注水至20厘米左右，用蚌肉、蚯蚓和猪血等腥饲料作诱饵，利用L形鳝笼（图6-5）诱捕（以夜间诱捕最佳）。如果水温在27℃左右，只需5～10天就可收获大部分鳅苗。

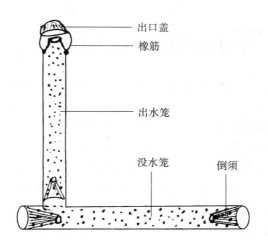

图 6-5　L 形鳝笼（也称捕鳅笼）

2. 用密织网片做成"担网"（图 6-6）　将担网放入鳅沟底部，并把担网四周的纲绳和网档扎入泥中，然后，在担网中央堆积水花生或其他水草，堆一层、撒一层芝麻饼粕（花生饼粕、豆饼粕都行），一般堆 4 层水草，撒 3 层饼粕。堆好后，提升田水至 20 厘米，静置 1 夜或 2 夜，翌日或第三天凌晨，抬起担网，扯出水草，这时你会发现，担网内有数不清的鳅苗。

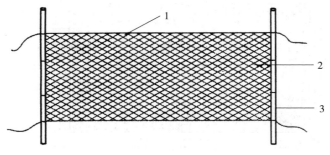

图 6-6　担　网
1. 网纲　2. 网片　3. 网档（网柄）

实践告诉我们：大凡繁育过泥鳅的稻田，只要不是十分过度的捕捞，再从事第二轮以及此后的多轮繁育生产中，都毋需投放亲鳅，只要注重管理就行。

资料　繁育泥鳅的稻田如何收割稻子

　　繁育泥鳅的中稻田，一般在 9 月上旬收获稻子，收割时，应提前 7～10 天缓缓排干田水，排水时，保留鳅沟水层 5 厘米。待水田干至泥不陷脚时，采用人割的方法，先将刈割的稻子满田铺晒 1～2 天，然后收捆，挑出田外。稻子收获后，迅速复水。初复水时，灌一次"跑马水"，即薄薄一层水后，当日或当日晚，迅速将水排出，露一夜后，再复水于正常（管水 10～20 厘米），1 个月后，再缓缓排干田水和鳅沟之水，让鳅苗入蛰。

　　注意：繁育泥鳅的稻田在收割稻子时，千万不要使用联合收割机，否则，会造成大量的鳅苗洞口闭塞，致使鳅苗窒息死亡。

第二节　泥鳅在池塘的繁育模式

一、仿自然圈草塘繁育模式（图 6-7）

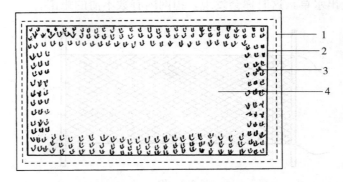

图 6-7　圈草塘繁育模式
1. 防逃墙*　2. 堤埂　3. 圈草（水花生）
4. 空白水面（占全塘面积 70%，水深 40～70 厘米）

---

　　*防逃墙：即用农用厚膜或石棉瓦包围池塘的防逃圈。

【优点】①每 1 000 米² 面积投放 10~20 厘米长的亲鳅 600 尾左右，第一轮生产为"两年一收"，此后每年收获 1 次鳅苗或部分成鳅。一般每 1 000 米² 水面（水深 70 厘米左右），可产鳅苗 10 万尾以上；②此种繁育模式的抗高温能力极强，在盛夏高温时期，水温不会超过 33℃；③第一轮繁育泥鳅生产完成后，只要不是捕捞过度，此后多年，一般不需要重新投放亲鳅；④利于管理（包括水管理、饲养管理、防敌害管理和越冬管理）；⑤有利收获鳅苗或少量成鳅；⑥鳅苗越夏安全、越冬安全。

【缺点】①需要大量的人工饲料投喂亲鳅和鳅苗；②水质变化快，需要勤换水。

二、仿自然满池稀草繁育模式（图 6-8）

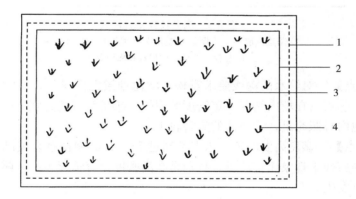

图 6-8　满池稀草繁育模式
1. 防逃围墙　2. 堤埂　3. 空白水面（水深 40~75 厘米）
4. 水生植物（水慈姑）

【优点】①抗温差能力强；②鳅苗栖息均匀；③抗敌害能力强；④投食方便，清残容易；⑤盛夏高温时期，水温可保持在 33℃以下；⑥冷空气南下时，可保池水温度缓升缓降；⑦鳅苗在翌年出蛰后生长极快。

【缺点】①需要足够的人工饲料喂养亲鳅或鳅苗；②池内的水生植物常生长过剩或过旺；③池水管理的要求比较严格（即要求池水基本稳定在 50~70 厘米）。

三、仿自然满塘枝杈繁育模式（图 6-9）

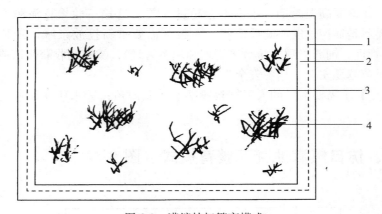

图 6-9　满塘枝杈繁育模式
1. 防逃围墙　2. 堤埂　3. 空白水面（水深 40～75 厘米）
4. 枝杈（树枝、枸杞枝和棉梗等）

【优点】①对管水的深浅要求宽松；②池塘淤泥深厚时，对鳅苗的危害不是太大；③可以在塘内套养一定密度的田螺；④抗敌害能力强；⑤日常管理方便；⑥池内日照充足；⑦鳅苗的病害较少。

【缺点】①盛夏高温时节，水温常超过 33℃；②鳅苗越夏或越冬的危险性大；③同族残杀现象比较严重，特别是在高密度繁育情况下，亲鳅残食稚鳅的现象常有发生。

四、池塘繁育泥鳅的工作要点

1. 翻耕池底　在冬天池塘干涸时，翻耕池底，耕后不耙，让其垡子冬凌和日晒 1～2 个月（指第一轮繁育的备养工作）。

2. 施足底肥　每 1 000 米² 面积施用腐熟的农家肥 4 000 千克左右，厩肥最好堆积在池塘周边的底部。

3. 适时注水　第一轮繁育泥鳅的池塘，一般在 2 月 20 日左右注水，注水深度在 20～30 厘米，待灭虫消毒后，逐渐加水至 75 厘米。

4. 培养水生植物或投放枝杈　池塘注水或翌年复水后，应按不同的繁育模式，移栽相关的水生植物或投放树枝和枸杞枝（圈草模式以移植水花生为好；稀草模式以移植水慈姑和野蒲坼为上；枝杈繁育池，最好选用桑树枝、构树枝、土枸杞枝和棉梗等）。

5. 灭虫和消毒　水生植物移植好后或枝杈投放完成后，应对池塘进行灭虫和消毒两大处理。灭虫或敌害用药最好选用除虫菊类药物，用量为每立方米水体 0.3 克；消毒最好选用生石灰，用量为每立方米水体 45 克。

6. 灭害　池塘灭虫和消毒之后，应及时布设好防逃设施。防逃或防敌害设施布设好后，应对池内尚未杀死的牛蛙、蛇、青蛙、蟾蜍和行山虎等花大力气捕捉干净。捕捉到的这类有益于人类的生物，切忌残酷处死，要放生于离繁育基地较远一点的地方。对于池塘外的田鼠和水老鼠，也要采取措施进行剿灭。

7. 适时投放鳅种（亲鳅）　池塘灭虫用药 10 天后，便可以投放亲鳅了。亲鳅的投放量为每 1 000 米^2 水面 600 尾（10～20 厘米长的种鳅）。亲鳅投放后，每 10 天加水 10～15 厘米，直至水深达到 75 厘米为止。

8. 加强饲料管理　鳅种投放后，每周最少要投喂人工饲料 5 次，每次投食量为亲鳅体重的 5%～8%。待 6 月 20 日后，因有鳅苗自然孵出，应酌情增投细碎的饵料。

9. 定期做好灭虫和消毒工作　从 5 月 1 日开始，每 20 天给池塘消毒 1 次，消毒最好选用二氧化氯，用量为每立方米水体 0.3 克；每 30～31 天给池塘灭虫 1 次，灭虫用药一般选用 90% 的渔用晶体敌百虫，用量为每立方米水体 0.6 克。

10. 防暑降温　在盛夏高温时期，如果池塘的水温达到或超过 32℃，应适量给池塘提升水位至 100 厘米左右，也可以不提升水位，酌情在池塘内移植些水葫芦（凤叶萍），借以调控水温。待立秋之后，水温下降至 30℃ 以下时，将移植的水葫芦捞起。

11. 越冬管理　①保持越冬期间池水深度不低于 50 厘米；②在池塘之水冰冻时期，最好在 8：00 左右，进行 1 次或多次人工破冰。破冰时，不要敲击和拍打，要用力压破冰块，以防震动或强烈震动，影响鳅苗休眠或震伤鳅苗。

12. 加强鳅苗疾病的预防和治疗工作　预防和治疗方法，参照"鳅苗疾病的防与治"。

第三节　泥鳅生态环养范例

泥鳅的生态环养，是让泥鳅在大面积的水体和水域中自繁、自衍和自育，人工只对其进行科学的管理，并对其管理的养殖或繁育范围，实行边捕边育，捕大留小，捕密育稀，使其捕育循环。换句话说，这种养殖方法，就是对自然水域中的泥鳅，实行人工保护性的繁养。

下面以围湖养鳅为例，介绍其生态环养的方法。

一、围湖养鳅的生态优势

围湖养鳅，是所有养鳅模式中最先进、最省工、最省力、最省投资和最易管理的一种。细致地说，围湖养鳅是在包围的范围内，实行大面积、大规模的鳅、螺混养。其中以养鳅为主，以养螺（田螺或福寿螺）为辅。这种养殖模式具有下列优势：

（1）在围湖中混养鳅、螺，可以免投或少投人工饲料。这是因为，泥鳅和田螺或福寿螺都摄食肥料（腐熟的农家肥）、各种溏类、各种水藻和腐殖质等，且泥鳅喜食螺类的排泄物。如果人工少量给泥鳅投喂些米糠、豆渣、饼粕、豆粉、玉米粉、瓜果皮和菜叶等饲料，不仅泥鳅生长迅速，而且螺类因有足够的饵料而繁衍极快。因为泥鳅的排泄物，可作为肥料养育弱生生物和水藻，使之被两者重复利用，此所谓鳅、螺混养，相得益彰。

（2）围湖养鳅，除正常收获成鳅之外，还可收获大量的鳅苗和少量的田螺或福寿螺，从而提高湿地的产出率，增加收入。

（3）螺类在养鳅的围湖中放养（套养），不仅不会阻碍泥鳅的正常活动和休养生息，而且还具有超强的净化水体质量的本领。也就是说，在养鳅的围湖中，放养一定数量的田螺或福寿螺，对泥鳅的繁育和生长有很大的好处。

（4）在围湖内实行鳅、螺混养，可以使养鳅水体全年免施或少施消毒药物。因为泥鳅的频繁活动，能为水体增氧，致使水体中的厌氧菌不能在水体中大量繁衍。同时，螺类以能净化水质，保持水体清澈透明，这样既给泥鳅减少了疾病，以可使生产出来的商品泥鳅，完全符合安全、卫生和健康的食品标准。

（5）围湖中养鳅，在第一年投放鳅种和螺种后，此后多年再生产时，都不必重新投放鳅种和螺种了。这是因为此两种水生动物，都有超强的自然繁衍的本领。

（6）采用围湖生态环养模式养鳅，成鳅产量高，鳅苗成活率高，田螺或福寿螺的产量也很可观。一般每1 000米^{2}水面，第一轮生产可产商品成鳅

300~400 千克，鳅苗 6 万~8 万尾（从养殖的翌年开始收获，此后每年收获1 季）。

（7）全养殖期不需要更换湖水。

二、围湖方法

围湖养鳅，一般采用挖沟筑堤的方法，包围一定的面积进行泥鳅环养。筑堤前，首先应对意中的湖区认真进行调查研究，将计划包围的范围，设立在湖边浅水平滩或较平坦的浅水地带，并要求所包围的面积内基本无芦荻和野茭白生长。

筑堤围湖的面积锁定后，可用挖泥船和水挖机在围湖范围内挖圈沟筑堤。也可以利用冬季湖底干涸期，人工挖沟筑堤。筑堤高度要在历年最高湖水水位的基础上高出 1 米左右，堤面宽度 3 米以上。在取土筑堤时，应距堤脚 2 米远取土开沟，沟宽 3~5 米，沟深不限。

围堤筑好后，一般 3~5 个月会发裂开缝，对此，应在堤内脚的近水边布设一圈防逃厚膜。防逃膜要埋入地下 40 厘米深，高度与围堤之高大致一样（2年后围堤裂缝消失，不漏水时，可将防逃膜布设在堤埂上）。

三、围湖的改造与灭害

通常，人们把用堤埂包围用作养鳅的湖滩或浅水湖，称之为"围湖"。

围湖的改造与灭害，包括下列内容：

1. 除荻灭草 所谓除荻灭草，指的是在围湖中，除掉芦苇、黄柴、湖草和茭白草等沼泽地带蔓生的挺生植物或高秆植物。在除掉野茭白草时，用镰刀刈割后，晒干，用火烧掉就行了；在灭除芦苇和黄柴时，应在暮春时节，采用拔笋的办法，长出 1 支，拔掉 1 支，一直拔到再无生长为止。此外，对于那些大量生长在围湖内的毛蜡烛和湖草等，也要采取得力措施时行铲除或用除草剂灭除，以确保围湖内充足的日照。

2. 削高填低 这里所说的削高填低，指的是削峁填塘，特别是挖藕掀起的峁子和藕窟，要尽可能地填平，以利日后养鳅时进行管理。如果围湖内基本平坦，即使是一边低、一边高，也可以不进行整改。

3. 培植水花生 在围湖内培植供泥鳅休养生息的水生植物排时，最好选用水花生这种既不漂移、又不易腐烂的植物。在培植水花生排时，应全面布局，合理设排。一般排宽 2 米，长 10～20 米。排与排之间的相隔距离为 4～5 米。

在移植或移放水花生时，最好排干湖水，将水花生藤蔓直接均匀撒在锁定的范围内，然后用脚在藤蔓上横七竖八地踩一踩。如果不能排干湖水，在移植水花生时，应用木桩或竹桩插在锁定的范围内，以防水花生藤蔓四处漂移。等待水花生藤蔓生长一段时间后，其排就会固定不移了。水花生藤蔓移植后约 1 个月左右的时间里，最好实行 20～30 厘米深的管水。

围湖内移植水花生是一件很费力气的活，努力做好这项工作，可受益许多年。也就是说，第一年移植后，此后 10 年或是更多年都不必再费力移植了。

4. 灭虫与灭害 上述三项工作做好后，应给围湖注水 20～30 厘米（不考虑圈沟内的水体深度）。然后，每立方米水体用除虫菊类药物全湖泼洒一遍，用量为每立方米水体 0.3 克，以杀灭湖内的敌害生物和野杂鱼。施药 10 天后，每立方米水体再用 45 克生石灰，化稀浆趁热全湖泼洒一遍，以杀灭湖水中的各种病毒和细菌。

四、鳅种与螺种的投放标准

在围湖中养殖泥鳅，并实行鳅、螺混养时，投放鳅种和投放套养的螺种，一般在灭虫后 25 天左右开始进行。投苗或投种后，逐步提升湖水。

鳅种（亲鳅）的投放量为，每 1 000 米^2 水面 400～500 尾（体长 10～20 厘米的鳅种）。投放鳅种的同时，还要投放一部分稚鳅（体长 5 厘米），投放量为每 1 000 米^2 水面 8 000 尾。鳅种和鳅苗投放后，还要投放 2～3 龄的大田螺或大福寿螺 50～70 千克，投放螺种和鳅苗的时间，可以 5 月开始，7 月结束。

投放鳅种、鳅苗和螺种时，应注意以下几点：

（1）投放鳅种或鳅苗的时间，最好选择在 10：00 以前或 17：30 以后进行。

（2）鳅苗的大小规格要求基本整齐。

（3）投放螺种时，不要倾投一处和几处，要满湖空白水面都投到。

（4）切勿将螺种投放水生植物排上。

（5）螺种和鳅种购回后，要认真检查，看其有无寄生虫附于其上（特别是锥体虫最喜欢附身泥鳅和田螺上）。

（6）投放鳅苗时，不要用盐水药浴。

（7）不要向湖内投放黄鳝、淡水小龙虾和野杂鱼。

五、日常管理

利用围湖生态环养泥鳅，其日常管理较其他养殖和繁育模式要简单一些，但是，这并不意味着可以放松管理。相反，加强围湖养鳅的日常管理，既可稳产高产，又可保证连年都有较好的收成。

1. 湖水管理 围湖养鳅的管水原则是，前期浅，中期深，后期"保"。具体地说，5～6月，管水30～40厘米；7～8月，管水40～60厘米；9月期间，管水40～50厘米；10月期间，管水40～80厘米；11月至翌年3月，保持水深50厘米以上。

围湖养鳅在特殊情况下，应采取特殊的管水措施。如在暴雨陡降之时，应及时做好排水工作；在盛夏高温时期，如果湖内水温达到或超过32℃，可以适当在10：00左右提升水位至100厘米；在大风降温或冷空气南下的前夕，应酌情管水80～100厘米，待寒潮过后，再恢复正常管水。

2. 补充投喂人工饲料 围湖养鳅的第一年和此后每年的7～9月，湖内供泥鳅捕食的天然饵料和肥料，一般都会有一段时间的短缺现象，对此，需采用补充投喂人工饲料的办法加以缓解。补投人工饲料一般每天1次，每次投食量为泥鳅体重的4%左右。投喂人工饲料的时间，最好安排在17：30左右。

补充投喂人工饲料，可以选用野外采捞的动物类腥饲料（制碎，热烫除卵）；也可投喂豆渣、饼粕、玉米粉、米糠和麦麸等粮食加工饲料；还可以投喂些菜叶、无毒的树叶和嫩青草等。据试验，各种腐熟的禽、畜粪便，也是泥鳅和螺类的上等饲料。

投喂人工饲料时，应注意以下几点：

（1）野外水域中采捞的动物腥饲料，一般含虫卵指数较高，对此，应进行开水烫制处理。

（2）人工制作的粮食饲料（如豆渣、饼粕和玉米碎屑等），一定要进行炸制、熟制或膨化制作，以防泥鳅摄食后消化不良。

（3）选用泥鳅专用饲料时，要嗅其是否有异味，看其是否有变质、发黄和发霉现象。

3. 控制水花生浮排的蔓延生长　围湖养鳅范围内的水花生浮排，与空白水面占地面积的比例为 1 ∶ 2 或 1 ∶ 3。如果水花生生长过旺，侵占了泥鳅或螺类活动的空白水面，会导致湖内光照不足，细菌大量繁衍，水体缺氧。严重缺氧时，还会致田螺或福寿螺于死地。对此，应毫不留情地刈割蔓生部分，刈割的水花生藤蔓用小船运至堤上。

4. 防敌害管理　围湖养鳅中最厉害的天敌是水鸟，其次还有水蛇、牛蛙、青蛙、蟾蜍和水老鼠等。这些敌害生物都对幼鳅或成鳅有猎捕为食的习性，对此，要做好驱鸟、灭鼠或捕捉蛇、蛙和蟾的工作。

5. 冬眠期管理　泥鳅冬眠期间（11 月至翌年 3 月），应保持湖水 50 厘米以上。在湖水冰冻的日子里，应采用小船行驶破冰法，以防湖水严重缺氧，造成泥鳅窒息死亡。破冰工作最好定在 7∶00～8∶00，冰冻严重时，晚上或夜间也要破冰 1～2 次。

六、捕捞与收获

围湖养鳅，采用的是泥鳅生态环养模式。无论是捕捞成鳅，还是捕捞鳅苗，都不可捕尽捞绝，捕捞时，要捕大留小，捕密育稀，使之从翌年的 7 月开始，连年都有收获。

1. 收获成鳅　从养殖的翌年 7 月开始，用传统的篾制花眼鳝笼，放诱饵进行捕捞，让幼小的鳅苗从花眼中钻出。无论是白天还是黑夜，都可以放笼诱捕。捕鳝（鳅）笼，可放置于水花生排中，也可放于坡边。无论放在什么地方，都要将笼子露出水面 5 厘米左右，以免受捕的泥鳅因缺氧而窒息死亡。

2. 收获鳅苗　从养殖的翌年 7 月开始，此后每年都可以收获一部分鳅苗。捕捞鳅苗的方法参照"泥鳅在稻田中的生态繁育"中的"捕捞与收获"一文，利用担网捕捞。

3. 收获田螺或福寿螺　从养殖的翌年 10 月开始，每年 3～4 月或 10～11 月，都可以收获 1 次田螺或福寿螺。选定 3～4 月收获时，先将湖水排至 20 厘米左右，然后，凭借春季清澈明亮的湖水，看螺点采；选定 10～11 月收获时，排干湖水，采大留小，采密留稀。田螺或福寿螺收获后，迅速复水于正常。

第四节　鳅苗繁育经验

一、鳅苗的第一天敌

鳅苗的敌害很多，如水鸟、水蛇、水老鼠、蟾蜍、牛蛙、青蛙、野杂鱼、黄鼠狼等。但这些天敌，都不能致使泥鳅灭绝。因为，泥鳅具有超强的繁育能力。

40 年前，在我国长江中下游地区的自然水域中，泥鳅多得如虫似蚁，只要有水的地方，都有大量的泥鳅生存。为什么 40 年后，如此具有超强繁育能力的物种，会濒临灭绝呢？是农药化肥的危害吗？不是！因为农药化肥虽然普遍地使用，但仍然有大部分水域和湿地不能危害到位。

泥鳅的灭绝，既不是天敌的危害所致，也不是农药化肥所致，那么究竟是何物致使其不能再繁衍生存呢？

2013 年 4 月至 2014 年 4 月，笔者对此进行了长达一年的调查研究，终于发现：造成泥鳅濒临灭绝的原因，是有一种来自美国的天敌——淡水小龙虾。该虾原产于美国的加利福利亚州，第二次世界大战之前，日本兴起养殖牛蛙热潮，于是，便从美国将此虾引进日本繁育，借以用作牛蛙的饲料。"二战"期间，此虾从日本带入我国，起初，在南京市郊落籍，经过 60 余年的扩散，使之遍及长江中下游诸省的所有水域和湿地中。

淡水小龙虾，简称龙虾，它对生存的环境要求与泥鳅基本相同。对水域的大小、水质的优劣没有苛刻的要求，这同泥鳅的适应范围也是基本相同的。因淡水小龙虾不仅繁育能力强，而且食欲旺盛，生长极快，故其很快就占领泥鳅的活动空间。细心观察不难发现，淡水小龙虾常用其大螯钳食鳅苗，并特别喜欢摄食鳅卵，它不仅在水体中以鳅苗和鳅卵为主食，而且在洞中对鳅苗的蚕食也是丧尽天良，哪怕是在洞中栖息的成鳅，它也会用其大螯将其夹死后，慢慢吃掉。如此日复一日，年复一年，泥鳅就被淡水小龙虾斩尽杀绝了。

值得一提的是，淡水小龙虾对除虫菊类药物特别敏感，只要水体中稍有含量，哪怕是百万分之 0.1，也能将其致死。因此，意欲设立泥鳅野生保护区的单位或个人，可以采用除虫菊类药物灭除淡水小龙虾。据试验，泥鳅对除虫菊类药物的耐药性，要高于淡水小龙虾 50 余倍以上。因此，低浓度使用除虫菊类药物，对成鳅或鳅苗都不会产生危害。

二、透解鳅池中水质的优与劣

常言道："养鳅先养水。"一个繁育泥鳅池塘水质的好坏，直接关系亲鳅和鳅苗能否健康的生长和繁育。因此，细心观察鳅池中的水质，明辨水色的优与劣，对泥鳅繁育生产尤为重要。

所谓水色，是指溶于水中的物质在阳光下所呈现出来的颜色。它包括水体中存在的天然的金属离子，污泥中腐殖质的色素，微生物及浮游生物的指数，悬浮的残饵，有机质和黏土等。培养水色，包括培养单细胞藻类和培育有益微生物优势菌群两个方面内容。培养良好的水色，可增加水体中的溶氧量；可稳定水质，降低水体中的有毒物含量；可当饵料生物，为鳅苗提供天然饵料；可减少水体的透明度，抑制有害藻（如底藻、丝藻）的滋生。透明度的降低，有利于鳅苗防御敌害；可调节和稳定水体温度；可抑制病菌的繁育。

良好的水色标志着藻相、菌相、浮游动物和水草四者的繁衍和生长动态及其健康平衡。

水色，可分为两类，即"优质水色"和"危险水色"（劣质水色）。

1. 优质水色 常见的优质养鳅水色有三种：①茶色或茶褐色（属硅藻类水色）；②淡绿色（属绿藻类水色）；③黄绿色（属多藻混合类水色）。

培养上述三种优良水色的方法是：施足厩肥，适量追肥。厩肥：①每 1000 米^2 水面，施用腐熟的农家肥 5000 千克左右；②每 1000 米^3 水体施用酵素钙肥 1.5 千克，六抗培藻膏 0.5 千克。追肥：①每立方米水体施用尿素 15 千克（分 2 次施完，2 次间隔时间为 1 周）、磷肥 15 千克（一次施完）；②每立方米水体施用六抗培藻膏 0.5 千克，特力钙 0.5 千克。

（1）茶色或茶褐色水色 其水质较肥，施肥适中，水中的藻类主要是硅藻，这种藻类是幼鳅的优质饵料。除此藻之外，此水色的水体中还有圆筛藻、舟形藻等，这两种藻都能被幼鳅摄食消化吸收。

（2）淡绿色水色 肥度适中，水中所含的主要是绿藻，此外还有小球藻和衣藻等，这些藻类能吸收水中的大量的氮肥，净化水质。

（3）黄绿色水色 为硅藻和绿藻共生的水色。常言说："硅藻水不稳定，绿藻水不丰富"。而黄绿色水则兼备了两种优势，它既能使水色稳定，又能使水体中营养丰富。生长在黄绿色水体中的鳅苗，生长极快，且发病率极低。因此，黄绿色水色是养鳅或繁育鳅苗的最佳水色。

2. 劣质水色　常见的劣质养鳅水色有六种：①蓝绿色或暗绿色；②酱红色或黑红色；③油膜水；④乳白色；⑤泥皮水；⑥黄泥色。

（1）蓝绿色或暗绿色水体的起因　水中蓝绿藻或微囊藻大量繁育，水质浓浊，透明度在 20 厘米左右。在下风处，水表层往往有少量绿色悬浮细末。此种水色，在老化的池塘最易发生，易变成"铜绿水"。这种水体中，泥鳅可以存活，但生长在此环境的泥鳅，发病率较高。

（2）酱红色或黑红色水体的起因　水中有大量原生动物或赤潮生物繁育。

（3）油膜水的起因　①水质恶化，池底产生了大量的有毒物质；②水中有大量的残食；③池内有大量的水草、树叶和垃圾腐烂、霉变。

（4）乳白色水体的起因　水中有害微生物大量繁育或浮游动物繁育过剩，有益藻类被泥鳅吃掉致使水体缺氧，或水中含有纤毛虫、车轮虫、桡足类浮游生物以及黏土微粒或大量的有机碎屑等。

（5）泥皮水的起因　池塘老化，底层泛酸或底层淤泥过厚等。

（6）黄泥色水体的起因　①水中含甲藻、金藻等鞭毛藻；②池中积存太久的有机物，经细菌分解，使池水的 pH 下降；③暴雨冲刷。

治理劣质水色的方法很多，下面来介绍几种：

（1）每立方米水体取生石灰 25 克，化稀浆趁热全池泼洒，15 天 1 次。

（2）每立方米水体用 0.3 克二氧化氯，全池泼洒，15 天 1 次。

（3）每立方米水体用 1 克漂白粉，全池泼洒，15 天 1 次。

（4）每 1 000 米³ 水体用克蓝 250 克，全池泼洒，15 天 1 次。

（5）每 1 000 米³ 水体用黑金神 1 000 克，全池泼洒，15 天 1 次。

（6）每 1 000 米³ 水体用水底双改 800 克，全池泼洒，15 天 1 次。

（7）每 1 000 米³ 水体用净水王 250～500 克，全池泼洒，15 天 1 次。

（8）每 1 000 米³ 水体用解毒超爽 500 克，全池泼洒，15 天 1 次。

（9）每 1 000 米³ 水体用六控底健康 150 克，全池泼洒，15 天 1 次。

选用药物改良水色时，要对症下药，即根据不同的危险水色，选择与之相适应的根治药物治理。上述介绍的 9 种药物，属常用安全药物，具体选择哪一种，要因池制宜。有些水色不佳的池塘中含有大量的害虫，对此，还需选用一次灭虫药物。

三、鳅池厩肥的选择与腐制

泥鳅繁育池中，一般都要施用 4 000～5 000 千克腐熟的农家肥作厩肥（底肥），以此培育大量的微生物，供鳅苗食用，并防止因短时饥饿，造成大鳅残食小鳅、亲鳅残食鳅苗。那么，选择什么样的厩肥最好呢？厩肥选定后又如何腐熟呢？下面来谈一谈这方面的问题。

1. 厩肥的选择 用作泥鳅繁育池塘或稻田的厩肥，最好选用农家肥。在没有农家肥，或者农家肥不足时，也可适当选用些化肥。

（1）农家肥的选择 用作繁育泥鳅的厩肥，最好选用禽畜粪便（鸡、鸭、鹅、猪、马、牛和羊的干粪便）。也可以选用多年被虫蛀解或腐烂的草垛堆肥（豆梗、玉米梗、棉梗、稻草和麦秆等）。不宜选用草木灰、人粪尿和塘泥。

（2）化肥的选择 用作泥鳅繁育池塘或稻田的化学厩肥，最好选用尿素和过磷酸钙。谨用碳铵，忌用氯化钾。

2. 农家肥的发酵与腐熟制作 利用冬闲期，大量收集禽、畜粪肥，堆成肥垄，垄高 0.7 米左右、宽 1～1.5 米，长度不限。禽、畜粪肥堆积好后，在其堆（垄）上加堆一层厚约 20 厘米的虫解草垛细渣肥。然后，用铁锹或铁耙将禽、畜粪肥与细草渣肥混拌，混拌均匀后亦按长垄堆积。工序完成后，在肥上充分湿水，湿水后的第二天，用农用厚膜盖上肥垄。让其自然升温发酵 20 天后，揭膜，用铁锹翻料（垄）一遍。翻料后，继续盖上厚膜，大约 10 天左右，再揭膜翻料，翻好的肥料堆如果较干燥，可适宜喷水。喷水后，用脚在肥料堆上狠狠地踩一踩，再盖厚膜 15 天左右，其肥料就腐熟可用了。

3. 化肥作鳅池和鳅田厩肥 选用化肥作鳅池和鳅田厩肥时，应注意如下三点：

（1）在已经贮有泥鳅的稻田或池塘中，应选择绝对安全的尿素和过磷酸钙作底肥。尿素的用量为每 1 000 米² 面积 10～15 千克；过磷酸钙的用量为每 1 000 米² 面积 20 千克左右。

（2）在没有贮存泥鳅的稻田或池塘中，可选用碳铵和磷肥作厩肥。但是，碳铵的用量限制在每 1 000 米² 面积 25 千克左右，并且在施用碳铵时，要提前 12 小时，将碳铵与磷肥混合，封好，让其"发酵"以减小碳铵强烈的刺激期限。此外，施用碳铵的稻田或池塘，一定要在施肥 3 天之后投放鳅苗。

（3）严禁选用氯化钾和氨水作鳅苗繁育池塘或稻田的厩肥，更不能用此两种化肥作追肥。

 **资料 酵 素 钙 肥**

　　产品特点：本品通过日本酵素菌原菌和技术，对富含钙、镁、磷材质的稀有原料进行发酵和活化，使其钙、镁、磷容易被养殖对象吸收利用。

　　主要成分：酵素菌、活性钙、活性镁、氨基酸、藻种激活素、光合素、氮、磷、钾等。

　　主要功能：

　　（1）增强藻类抗低温或抗高温的耐受性，在水温偏低或偏高的条件下，明显提高培藻和肥水效果。

　　（2）水质清瘦的水体使用本品作追肥，可迅速恢复嫩爽水质。

　　（3）改善池底土层，修复池底生态活性，消除淤泥中的有机污染物，强效抑制病原菌的生长繁育；降解氨氮、硫化氢、亚硝酸盐和甲烷等有害物质的基质。

　　（4）均衡菌相、藻相，稳定水色，稳定 pH 和溶氧。

　　用法与用量：将本品加水溶解后，全池均匀泼洒；低温肥水，加10～20 倍池塘水，浸泡 12～24 小时使用。每 1 000 米³ 水体用量在 1～1.5 千克。

　　包装方式：袋装。每袋 10 千克。

　　注意事项：①使用本品时不需加红糖或活菌制剂；②不可完成满足池塘或稻田对氮肥的需要。

　　试验结果：此肥与六抗培藻膏配合使用，其培育益生藻的效果良好。

　　销售单位：全国各地均有售。

四、鳅苗青饲料的加工与制作

1. 堆制浮萍饲料

　　（1）浮萍的选择　青萍、云萍、紫背萍、星萍和槐叶萍都行。

　　（2）堆制方法　打捞浮萍，大量堆积于地势较高的地方。浮萍堆积好后，静置 1～2 天，以让其充分滤干浮萍根须所带的水分，然后，盖上农用薄膜，日盖夜揭。2 天之后，不需再盖膜于浮萍堆之上。每天给浮萍堆翻抄一遍，直至浮萍全部死亡之后，将浮萍堆摊开，摊开的腐殖质厚度为 10 厘米左右，让其日晒夜露 5～6 天，其浮萍饲料就制作好了。

（3）注意事项　①在堆制浮萍饲料时，如果遇到下雨天气，需要盖上薄膜或厚膜，以防止浮萍堆内水分过大而烂成泥糊状；②堆制较好的浮萍饲料，一般呈腐熟的细牛粪状，即用手将饲料捏成 1 个团，举起，松手，让其自然坠落，坠落在地面的饲料团能摔成粉状；③堆制好了的浮萍饲料，一般放在屋外（露天）存放。存放处，应选择无鸡、鸭、鹅危害的地方；④每堆堆制好了的饲料，最好在 3～5 天内投完，否则，会降低营养成分。

2. 碎制树叶饲料

（1）树叶的选择　桑树叶、枸树叶、槐树叶和野蔷薇叶等。

（2）碎制方法　将采集的无毒树叶，曝晒 5～7 天，充分晒干后，拌玉米或稻谷 10%，放入机器中碎成粉状，直接投喂鳅苗。

（3）注意事项　①不要选用有毒的乌桕叶、楝树叶和白杨（意杨）叶等去制作鳅苗饲料；②碎制好的树叶饲料，要用塑料袋装好封存，切勿使其受潮，否则，会产生霉变；③碎制的树叶粉状饲料与其他动物性腥饲料间投或混合投喂，能提高饲料的利用，增加饲料的营养成分和健康作用，从而促进鳅苗健康、快速生长。

3. 捣制蔬菜饲料

（1）蔬菜的选择　大白菜、小白菜、黄鹌菜（野生菜）、紫云英（红花苕籽）、蒲公英（野生）、羊蹄草（野生）、甜菜和莴苣叶等。

（2）捣制方法　将选择好的蔬菜或野生肉质鲜菜，装入容器中，用大头棒充分捣烂即成。

（3）注意事项　①不要选用龙葵、石龙芮、芋头叶、苍耳草和连钱草等有毒或有特制气味的野菜和野草，也不要选用黄瓜藤、南瓜藤、冬瓜藤等有毒或有特殊气味的蔬菜藤蔓和瓜秧去捣制鳅苗饲料；②每天捣制的饲料，要求当日投完，即现捣现用，否则，就会使其变酸，投喂后，会引发鳅苗肠炎和患消化不良等疾病；③此类饲料，要精细加工，充分捣烂，否则，会造成浪费，并污染水体。

4. 捏制籽粒饲料

（1）籽粒的选择　桑枣（桑椹子）、构树花（或称籽）、八棱麻子（黄色）和野草莓等。

（2）捏制方法　将采回的粒状果籽，放入容器中，加适量的清洁水，用手使劲地捏，捏至桑枣细碎、构树花离籽（核）、八棱麻籽成泥、野草莓成糊状即成。

（3）注意事项　①捏制的籽粒饲料，要现制现用，否则会变质，鳅苗拒食；②不要选用乌桕籽和楝树籽等有毒的籽粒；③籽粒饲料含糖分较高，每次投喂量不宜过多，否则，会出现鳅苗胀死或患消化不良性疾病。

5. 煮制瓜类饲料

（1）瓜料的选择　南瓜、冬瓜、腺瓜、地瓜，以及甘薯和马铃薯等。

（2）煮制方法　将瓜类或地下块茎料切成小块，放入锅中，加适量的清水，煎煮，水开后，不要盖上锅盖，尽量小火慢煮，待其烂熟时，起锅摊凉，捏成糊糊投喂。

（3）注意事项　①千万不要大火急煮，水开后，不要盖上锅盖；②现煮现用，煮熟的饲料最多只能存放 6 小时；③不要选择发芽的马铃薯、未成熟的甜瓜和未老的嫩黄瓜作煮制原料；④冬瓜与南瓜不要同时放在一个锅中煎煮。

五、不能用于制作鳅苗青饲料的植物

不能用于制作鳅苗青饲料的植物有 3 种：①有毒的植物；②有特殊气味的植物；③鳅苗恶食（不爱吃）的植物。下面来介绍几种不能用于制作鳅苗青饲料的常见植物：

1. 毛茛

【植物名】毛茛。

【别名】起泡草、雷公草、猴脚板。

【形态特征】多年生或一年生草本植物。全株密被白色茸毛，根须状；茎生叶有长柄，叶片掌状深裂；春末抽花枝，顶端开黄色小花，聚伞花序，花萼 5 枚；卵形瘦果（图 6-10）。

【生长分布】喜生于路旁、田边等地。

【说明】本品有大毒，不仅不能用于制作鳅苗饲料，而且不能误入培育鳅苗的池水中。否则，会致使鳅苗体表黏液脱落，口、鳃出血而死亡。

2. 三白草

图 6-10　毛　茛

【植物名】三白草。

【别名】塘边藕、百节藕、接骨丹。

【形态特征】多年生草本植物。高 30～40 厘米，最高（特别上部茎长）可达 100 厘米左右。茎下部伏地，节上生须或生根。上部茎直立。地下根细长，白色，多节。叶互生，长圆状，心形，绿色。开花时期（4～6 月）茎顶有 2～3 叶常呈白色，故名"三白草"。叶柄基部呈鞘状苞茎。花小，白色。总状花序与叶对生。果球形，成熟时裂开（图 6-11）。

【生长分布】喜生于浅水沟渠和干涸的沟渠塘堰中。

【说明】该草本身有毒，加上全株有浓烈的气味，不能用于制作鳝、鳅饲料，也不能误入鳅苗池中，否则，会致使鳅苗中毒或厌食、拒食。大量的三白草生长在鳝、鳅池中，也会造成鳝、鳅慢性中毒而逐渐死亡。

图 6-11 三白草

3. 芋头

【植物名】芋头。

【别名】土芝、毛芋、山芋、芋豆。

【形态特征】多年生草本植物。地下有多个肉质球茎，球茎上生须根。阔叶从基部丛生，叶片呈箭头形或卵状盾形，叶柄肥大，基部呈扁曲状，叶鞘肥厚。通常不开花，连续栽培2～3年后，夏季开黄白色单性花，呈肉穗花序，外有大形佛焰苞。球茎（芋头）和叶柄均有小毒，煮熟后，其毒性基本分解。可供人们食用（图 6-12）。

【生长分布】喜生于浅水和潮湿地带，我国大部分地区有本品栽培。

【说明】生芋头全株均有小毒，芋头花有大毒。鳝、鳅对其毒性敏感。不能用于制作鳅苗青饲料，也不能移栽于鳝、鳅培育池中。被

图 6-12 芋 头

芋头毒害的鳝苗和鳅苗，体表发红、两鳃溢血，黏液脱落，体质僵硬，瘦弱。

4. 连钱草

【植物名】连钱草。

【别名】透骨消、金钱草、活血丹。

【形态特征】多年生、蔓生草本植物。地下根呈须状，黄白色。茎方，细长，有多节，节上生根，亦生枝茎。叶对生，肾形或圆形，先端钝圆，基部心脏形，边缘有圆齿，叶面绿色，叶背面淡绿色。春末叶腋开淡紫色唇形小花，花后结细小棕褐色坚果（图6-13）。

图6-13　连钱草

【生长分布】喜生于田野、路边、园边、林边、沟边、溪边等潮湿地带。

【说明】该草有特殊气味，不能用于制作鳅苗青饲料，也不能误入鳝、鳅培育池水中。此外，在有连钱草生长的水边，一般不会有黄鳝、泥鳅栖息。因此，鳅苗（也包括鳝苗）培育池边，如果有较多的连钱草延伸于水中，要设法清除。

5. 苍耳草

【植物名】枪耳、菜耳。

【别名】苍耳子。

【形态特征】一年生草本植物。茎上有明显条状斑点和直棱。全株被白色短毛，高1～1.5米。叶互生，心状三角形，边缘有不规则的3～5浅齿，基部有明显的3道粗脉，表面绿色，背面粉绿色。5～6月开花，头状花序顶生或腋生，有雌雄之分，茎上部为雄花，下部为雌花。9～10月果熟，长椭圆形，如枣核，密生钩刺，顶端有2个大尖刺，绿色或黄绿色（图6-14）。

瘦果

图6-14　苍　耳

【生长分布】生于路旁、荒野、田间、房前屋后和早春干涸的水沟等地。

【说明】该草有小毒，果实有大毒。不仅不

能用于制作鳅苗饲料，而且不能大量误入池中，否则，会使鳅苗活动受阻，觅食受限制，有时其果实还会刺伤鳅体，造成鳅苗大发烂皮症。

六、利用网箱繁育泥鳅应抓好十项工作

利用网箱，对泥鳅进行仿自然繁育，是一种简便易行的好方法。实践证明，只要认真做好下列十项工作，网箱繁育泥鳅完成可以取得成功。

（1）套置网箱的池塘，要选择地势较低、且终年不淹堤埂的池塘。池塘还要求常年保水不低于 60 厘米。

（2）套置网箱时，网箱底面应落入池子底面。

（3）投放亲鳅之前，首先要在网箱内培植厚度不低于 20 厘米的水生植浮排，以此为泥鳅提供休养生息的场所。

（4）亲鳅的投放量为每平方米网箱面积 3 条（即雄性亲鳅 2 条，雌性亲鳅 1 条）。

（5）始终把网箱内 4～9 月的水温调控在 18℃以上、31℃以下。

（6）注重亲鳅的营养，经常给亲鳅投喂熟制的豆类饲料和动物性腥饲料。

（7）保持周边的环境安静。

（8）彻底消灭网箱外部水体中的敌害生物和野杂鱼类。

（9）杜绝寄生虫带入池塘和网箱内，确保全繁育期（当年 4 月至翌年 6 月）不施灭虫药。

（10）及时做好"灭亲"工作，即在翌年的 6 月 20 日，拉网起箱，收捕亲鳅，让鳅苗就池培育。

第 七 章
鳅苗疾病的防与治

第一节　细菌引起的鳅苗疾病防治

一、水霉病

水霉病是泥鳅苗种的常见病、多发病，以冬、春两季发病率最高，此病主要由水霉菌感染鳅苗所致。

发病初期，病灶四周出现混浊的小白斑，随着病情的发展，菌丝向外伸展，呈灰白色柔软的棉絮状，肉眼可清晰地看见状如白毛的霉丝。除鳅苗体表易感染此病外，鳅卵在孵化过程中，也很容易感染此病。特别是受伤的鳅苗，在水体不清洁的条件下，或在长期阴雨天气的环境中，最易感染这种疾病。

【预防方法】①杜绝受伤的鳅苗入池；②保持培育鳅苗的池塘有充足的日照；③定期做好繁育池塘的消毒工作，在阴雨连绵的日子，每立方米水体用0.3克二氧化氯，全池泼洒1～2次，每天1次；④在鳅苗繁育池中，经常使用有益生物制剂。

【治疗方法】①每1 000米^{3}水体用绿康露150克全池泼洒，连用2次，每天1次；②每立方米水体用二氧化氯0.3～0.4克，全池泼洒，连用3天，每天1次；③每立方米水体用食盐40克、小苏打40克，配成合剂，全池泼洒，4～5天后换水1次；④每立方米水体用碳铵（碳酸氢铵）25克，化水后静放15分钟，全池泼洒1次；⑤取土大黄金草适量，均匀取点（每1 000米^{2}面积约12处）浸泡池水中，作辅助治疗。

资料　　　　土　大　黄

植物名：羊蹄。

别名：土大黄、漂蓝根。

形态特征：多年生草本植物，高70～100厘米，茎直立，紫绿色，有多数纵沟。根长而且粗大，黄色。根生叶有长柄，丛生，叶片长椭圆形，边缘波状；茎生叶较小，无柄，互生，叶基部有褐色叶鞘。4～5月开花，花小、淡绿色，轮生于花梗上，层层排列。果苞三棱状，种子卵形，外有3个翅，边缘有小齿，褐色，光亮。5～6月结果。

生长分布：生于田野、路边和干涸的水沟等湿润地带。平原湖区随处可采（图7-1）。

图7-1　土大黄

二、赤鳍病

鳅苗赤鳍病，主要由短杆菌感染鳅体所致。此病多发于夏季。病鳅苗主要表现为背鳍附近的部分表皮脱落，呈灰白色，肌肉腐烂。严重时，出现鳍条脱落，不摄食，直至死亡。

【预防方法】①定期做好鳅苗培育池中的水体消毒工作；②杜绝采用病鱼糊投喂鳅苗；③经常用海蚌含珠、辣蓼、地锦草和墨旱莲等鲜草，扎成若干小把，浸泡于鳅苗培育池中（5～7天后捞取残渣）；④在阳光充足的日子里，经常使用光合菌制剂（如向池内泼洒、拌食投喂鳅苗等）；⑤注重培育池外界水体（引用水体）的定期消毒。

【治疗方法】①每立方米水体用1.5克漂白粉，全池泼洒，每天1次，连用2天；②每立方米水体用二氧化氯A、B活化剂0.35克，全池泼洒，每天1次，连用2次；③每立方米水体取地锦草鲜品0.5千克，浸泡于池水中（5～7天后捞起残渣）；④每1 000米³水体用百安威150～200克，全池泼洒，3天1

次，连续使用 2 次。

三、打印病

鳅苗打印病，是一种传染较慢的真菌性疾病。病鳅苗主要表现为体表有状如梅花的病斑。此病一年四季均可发生，以 7～8 月最为流行。

【预防方法】①结合鳅苗培育池中的定期消毒，每立方米水体用 25 克生石灰，化稀浆趁热全池泼洒，15 天 1 次；②在养鳅池中或在鳅苗培育池中的浅水地带，培植或移植些土大黄；③杜绝带有梅花斑状病的鳅苗入池；④经常在池水中投放"六控底健康"，用量为每 1 000 米^3 水体 80～100 克。

【治疗方法】①先用粒粒神（每 1 000 米^3 水体 250 克）全池泼洒一遍，3 小时后，再用百安威（每 1 000 米^3 水体 200 克），加适量的清水稀释后全池泼洒 1 次；②每立方米水体取辣蓼 1 千克，煎浓汁，摊凉后，放 1 只性腺成熟的大蟾蜍于药液中，泡 30～50 分钟后，取出蟾蜍，加 1 克漂白粉，充分搅拌后，泼洒于池中，每天 1 次，连用 5～6 天；③每立方米水体取苦参 10 克，煎浓汁后摊凉，加入 1 克漂白粉，泼洒于池中，每天 1 次，连用 3～4 天；④每立方米水体用二氧化氯 A、B 活化剂 0.3 克，全池泼洒，每天 1 次，连用 3 天。

第二节 寄生虫引起的鳅苗疾病防治

一、车轮虫病

该虫性病症主要由纤毛虫纲的车轮虫寄生鳅体所致。车轮虫俯视呈圆形，直径一般为 50 微米，侧视像 2 个重叠的碟子，腹面环生纤毛，虫体活动时借纤毛作车轮般转动。

车轮虫常寄生于鳅苗的鳃部和体表。患病的鳅苗摄食量明显减少，离群独游。病情严重时，虫体密布，如不及时治疗，会引起死亡。此病流于 5～8 月。

【预防方法】①结合鳅苗培育池的定期灭虫，每 30～31 天，每立方米水体用 90％的渔用晶体敌百虫 0.55 克，全池泼洒 1 次；②在鳅池中少量移植些菖蒲草；③鳅苗投放之前，每立方米水体用 50 克生石灰清塘 1 次（清塘 15 天之后方可投放鳅苗）；④将鳅苗池外界的引用水水体，定期 20～30 天用 90％的晶体敌百虫灭虫 1 次，用量为每立方米水体 0.7 克；⑤每 1 000 米^3 水体用六控底健康 80～100 克，直接投入水池中，每 10～15 天 1 次。

【治疗方法】①每立方米水体用 0.6～0.65 克渔用 90% 晶体敌百虫，全池泼洒一遍；②采集鲜菖蒲草 10～12 把，浸泡于 1 000 米² 的水面上，15 天后捞起；③每立方米水体用 45 克苦楝树叶，加水浓煎后全池泼洒 1 次；④每 1 000 米³ 先用六控底健康 100 克，与 250 克粒粒神混合，全池干撒一遍，2 天后，再用"黑金神"150 克，全池泼洒一遍。

二、舌杯虫病

该虫性病症是由纤毛虫纲的舌杯虫寄生鳅苗所致。舌杯虫伸展时呈高脚酒杯状，在其前端有一圆盘状口围盘，边缘有纤毛，在虫体中部有一卵形大核，体长 50 微米左右。

舌杯虫常寄生于鳅苗的皮肤和鳃上，平时摄取周围水体中的食物和营养物质，对鳅苗没有多大的影响。但若大量寄生于鳅苗身上，会造成鳅苗呼吸困难，严重时还会致鳅苗窒息死亡。此病一年四季均可发生，以 5～8 月多见。

预防和治疗方法，与车轮虫的防治方法基本相同。

三、三代虫病

该虫性病症是由一种胎生单殖类吸虫寄生鳅体所致，也有人称此病为指环虫病。三代虫呈纺锤形，虫体前端有 4 个黑点，后端有一固着盘，盘上有 1 对大钩和数对小钩。此虫三代同体，在成虫内可见子代和孙代的胎儿雏形，故名三代虫。

三代虫常寄生于鳅苗的表体和鳃部，它可以致鳅苗于死亡。在 5～6 月，最易遭受此虫的危害。

防治方法与车轮虫的预防和治疗方法基本相同。

四、锥体虫病

锥体虫，俗称"沙达子"，其状如细小的葵花子。此虫喜寄身和附身于黄鳝、泥鳅和蚌、螺等水生动物上，吮吸鳝、鳅血液和其他动物的营养。它是一种常见病、多发病和易发病。

【预防方法】①结合鳅苗池塘的定期灭虫，每 30～31 天，用 90％的晶敌百虫全池泼洒 1 次，用量为每立方米水体 0.65 克；②投放鳅苗前，先在育苗池中用清塘药物消灭锥体虫的寄生繁育宿主——椎螺、实螺、田螺、蚌和蚬等；③引植水生植物（如浮萍、水花生和水葫芦等）时，应坚持先灭虫、后引植的原则，严防锥体虫带入培育池中；④投喂螺、蚌和蚬肉时，要坚持采用开水烫肉的办法，杀灭肉中所含的锥体虫和虫卵（锥体虫虫卵最喜孕育在蚌肉的鳃部）。

【治疗方法】①每立方米水体用 90％的晶体敌百虫 0.65 克，全池泼洒 1 次；②取丝瓜络若干，浸泡于猪血中 25～35 分钟，然后均匀取点放入培育鳅苗的池塘中，12～24 小时捞起，这时，你会发现，大量的锥体虫都附着在丝瓜络上。如此，经常不断地去做，就能大大降低锥体虫指数。

此外，还有一种与锥体虫同属的寄生虫叫水蛭（蚂蟥），对鳅苗也有一定的危害，其防治方法同上。

第三节　特殊鳅苗疾病的防治

一、水青苔的根治新法

水青苔，又叫芸苔和绿幔子。它是一种水生绿色丝状藻类植物。

每逢春末、夏初，鳅苗培育池中常会出现水青苔如云似幔生长的状况，致使鳅苗活动受阻，觅食受限制，出水呼吸困难。对此，应采取措施预防和根治。

【预防方法】①春末、夏初，每 10 米^2 水面浸泡干稻草 1 千克，10 天后捞起；②结合培育池塘消毒，选用漂白粉全池泼洒（15 天 1 次）；③每 1 000 米^3 水体取黑金神 150 克，定期 15 天泼洒一次。

【根治方法】每 1 000 米^3 水体取克苔 1 号 150 克，加 50 倍清水溶化后，全池泼洒 1 次。3 天后，再按每 1 000 米^3 水体取解毒超爽 400 克，加适量清水稀释后，全池泼洒 1 次。

二、敌害生物的防控

鳅苗常见的敌害生物，有水鸟、水蛇、凶猛鱼类、淡水小龙虾、青蛙、牛蛙、行山虎（土青蛙）、蟾蜍、水老鼠、黄鳝、鳖、水蜈蚣、红娘华和烟雾虫等。

【防控方法】①在投放鳅苗之前，彻底清塘，清塘药物最好选择黄粉，用量为每立方米水体3～4克，用药30天后换水，方可投放鳅苗；②在饲养管理时，如发现水蜈蚣、烟雾虫、红娘华和淡水小龙虾等敌害生物，可用2 500倍的氯氰菊脂，沿池塘四周的堤埂或坡边进行喷雾；③在黑夜里，借用矿灯照明，捕捉青蛙、行山虎、牛蛙、蟾蜍、水蛇，这类敌对生物有益于人类，捕捉后，应放生于离繁育基地远一点的地方；④在堤埂上投放大卫灭鼠剂灭鼠，或者多养几只猫制鼠；⑤无论是白天还是黑夜，都要派专人驱鸟，特别是黎明前后，水鸟的活动最为猖獗，此时，最好选用响鞭（鞭子）驱赶；⑥不要在培育鳅苗的池塘中套养野杂鱼；⑦尽管清塘十分严格，也会有一部分黄鳝寄栖于埂子洞中而逃生，对此，可用传统的花眼鳝笼诱捕，亦可择洞用钩钓捕。

三、农药中毒的预防方法

在稻田里培育鳅时，因防治水稻病虫害时，常使用各种农药，为兼顾稻田繁育泥鳅，必要使用农药时，应坚持选择低毒、高效、低残留或无残毒，以及无二次感染的农药。

实践证明，只要用心选用安全的药物，准确把握用量，就能既可防治水稻病虫害，又能保障鳅苗的正常繁育和培育。

下面就常用防治水稻病虫害的常规用药量及安全浓度列于表7-1说明。

表7-1　鳅苗繁育稻田使用农药的常规用量及安全浓度参考

农药名称	每1 000米^2 一般用量（克）	每1 000米^2 最高用量（克）	安全浓度（每立方米水体）	注意事项
25%杀虫双	150～200	200～250	1.5克	排干田水施药
井冈霉素	150～200		0.69克	正常管水施药
10%叶蝉散	200～250	250～300	0.5克	加水至8厘米施药
敌杀死	100～120	120～150	0.05克	排干田水施药
90%晶体敌百虫	100	120	0.7克	早晚施药
50%杀螟松	60	75	0.8克	加水至8厘米以上施药
50%多菌灵	50	75	1.5克	正常管水施药
氯氰菊酯	100	120	0.05克	排干田水施药
禾大壮	100	120	1.5克	正常管水施药
丁草胺	100	120	1.5克	正常管水施药
野老	100	120	1.5克	正常管水施药
甲维盐类	15	25	0.65克	排干田水使用；尽量不用

第 八 章
生态繁育鳝、鳅模式集锦

第一节　家庭仿自然繁育黄鳝模式攻略

一、稻田水耕水整繁育黄鳝模式

1. 择田　以家庭为单位利用稻田仿自然繁育黄鳝，要选择高中之低、低中之高，保水性能好，进、排水方便的常规中稻田。在择田作繁育池时，还要考虑进水（引用水）水体的水质和周边环境安静等问题。

2. 田块的大小规格设计　繁育黄鳝的稻田为长方形，长为 20～100 米、宽为 10～20 米。其中，对宽的要求较严格，额定在 10～20 米，对长的要求可放松一些。根据这个规格，对不同规格条件的稻田，可利用冬闲期进行改造。在改形（改造稻田形状）时，还要求将田埂筑至宽 1.5 米、高（高出水稻田平面）50 厘米以上。

3. 耕整　用传统的稻田耕作方式，先向稻田灌水 10～15 厘米，泡田 7 天左右（此时水稻田内的水深大致在 5 厘米左右），用曲辕犁带水翻耕。耕后，用木框铁齿耙将泥垡耙细。待插秧前 1～2 天，用木轧滚将泥土整稀，并用木耖子将田耖平。所有水耕水整工序，除开始（第一年）可使用机械耕作外，此后，每年都必需使用耕牛（水牛）操作。

4. 施肥　繁育黄鳝的稻田，可利用冬闲稻田闲置期种植绿肥。绿肥的品种为紫云英（红花苕籽）。稻田在施用底肥（厩肥）时，选择尿素和过磷酸钙。除第一年稻田未投放亲鳝时可使用氮铵之外，此后每年都不能使用氮铵。不管是第一年生产，还是此后再生产，都不能使用氯化钾。缺钾的田块，可用草木灰代替。底肥的使用量为：每 1 000 米^2 面积尿素 10～15 千克，过磷酸钙 25～30 千克，草木灰 50～60 千克（干品）。当亲鳝投入稻田之后，如果稻秧需要追肥，可选用尿素和过磷酸钙。每 1 000 米^2 面积，每次追施尿素 10 千克，过磷酸钙 20 千克。也可以喷施磷酸二氢钾，取代追施磷肥和钾肥。

5. 插秧 5 月上、中旬插秧，插秧时间不得迟于 5 月 25 日。秧苗的密度按常规中稻的密度进行。除此之外，还要坚持每 1.5 米留一厢行，厢行的宽度为 45 厘米。

6. 投放亲鳝 中稻抢插完成后，喷施 1 次丁草胺，就可以投放亲鳝了。亲鳝的投放量为：每 1 000 米^2 面积投放 40～50 克的中条鳝 200～300 尾；100～150 克的大鳝 70～120 尾。

7. 布设防逃设施 亲鳅投放前，用密织网片在田埂上布设防逃设施，网片埋入田埂或堤埂深 20～30 厘米。如果田埂较窄（小于 1.5 米），网片应埋入田埂下 60～70 厘米。网片布设高度应高出田埂 65 厘米以上。布设网片时，网片一定要与地平面垂直。

8. 管水 按正常水稻田管水。

9. 晒田 按正常水稻晒田操作。

10. 培育亲鳝 亲鳝投放后 5～6 天，每 1 000 米^2 面积为亲鳝撒投优质腥饲料 2～3 千克。投食时间定在 20：00 左右，每天投喂 1 次就行了。在 7 月下旬至 8 月上旬，稻田会自然出现许多泡沫巢（亲鳝筑巢、产卵与孵化现象），此时，应停止投喂饲料 20～25 天，待泡沫巢完成消失后，收捕亲鳝。

11. 收捕亲鳝 稻田中所有的泡沫巢全部消失后，应加紧收捕亲鳝。收捕亲鳝，一般选用传统的篾制花眼鳝笼诱捕。经过 4～5 个黑夜的诱捕，亲鳝可收捕 75％以上。

12. 稚鳝培育 亲鳝收捕 4～5 天后，每天傍晚向田内投喂 4～5 个煮熟的蛋黄（蛋黄煮熟后，放入少量的清水中，捏碎，带水撒投）。20 天后，改投细碎的腥饲料 1～3 千克，一直投喂到中稻收割。

13. 收获中稻 临近中稻收割的前 1 周，将田水缓缓排干，晒至泥不陷脚时，用人割肩挑的方法收获中稻，切勿使用收割机。

14. 秋管 中稻收获后，向培育鳝苗的田块复水。初复水时，灌水 3～5 厘米，让其自然落干后，正式复水。正式复水后，应保持田水 8 厘米左右。从正式复水的第三天开始，恢复投食，直至 9 月 20 日前后，缓缓排干田水，让稚鳝（0 龄鳝苗）入穴越冬。

15. 越冬管理 保持田中基本湿润，严防鼠害、蛇害和黄鼠狼危害。在冬季雨雪期间，要及时排干田水。

16. 出蛰管理 翌年 3 月下旬，将培育稚鳝的稻田复水，以让幼鳝（1 龄鳝苗）出蛰。初复水时，灌水 2～3 厘米，让其自然落干后正式复水，正式复水的灌水深度为 10 厘米，管水深度为 8～10 厘米。正式复水后的第三天，每 2 天在傍晚酌情投食 1 次。如在此管理期间，遇冷空气南下，可 3～7 天不投喂饲料。照此方法管理至 5 月上旬，再从事水稻的第二轮生产。

17. 水稻生产中应注意的问题 ①一定要使用耕牛水耕水整；②禁止使用氮铵和氯化钾；③禁止使用灭扫利、呋喃丹、毒杀芬、稻瘟净和所有有机氯类杀虫剂。

18. 1 龄鳝苗培育应注意的事项 ①严防敌害；②严防外逃；③坚持每晚投喂适量的饲料（天气不好例外）；④尽可能用篾制花眼捕鳝笼捕清去年尚未收捕干净的亲鳝；⑤做好防病工作。

二、稻田非耕非整繁育黄鳝模式

利用稻田不耕不整仿自然繁育黄鳝，是从第一年中稻收获之后开始投放亲鳝，翌年春末夏初进行亲鳝培育，盛夏生态繁育鳝苗，早秋时节培育稚鳝（0 龄鳝苗），第三年培育 1 龄鳝苗（幼鳝）。具体操作如下：

1. 择田 选择地势较低、保水性能好、一年四季均有水灌溉的中稻田。田块形状为长方形，长度不限，宽度 10 米左右。

2. 准备工作 常规中稻田一般在 9 月上、中旬收获，中稻收获完成后，迅速向田内注水 5～8 厘米深，并用旋耕机带水将田块旋耕一遍。与此同时，应抓紧时间，布设好防逃设施。防逃设施布设好后，就可以投放亲鳝了。

3. 亲鳝的投放标准 每 1 000 米² 面积投放 30～40 克的"中条鳝"250～300 尾，75～100 克的大鳝 75～120 尾。亲鳝要求体表无伤、无病灶，体格健壮，体色青黄。在投放亲鳝的同时，每 1 000 米² 面积可投放健康（无锥体虫和锥体虫虫卵*）的大田螺 500～1 000 枚。

4. 入蛰前的管理 亲鳝投放后，每立方米水体用 0.3 克二氧化氯消毒 1 次，消毒 3～4 天后，在傍晚给亲鳝投喂 1 次人工饲料，投食量为每 1 000 米²

---

* 锥体虫和锥体虫虫卵，最喜寄生或附着在田螺之上，繁育黄鳝的稻田在投放田螺时，要先将收集的田螺在外界水体中用网箱暂养。暂养期间，用除虫菊类药物消灭田螺上附生的锥体虫和锥体虫虫卵。田螺灭虫 7 天后，方可投入稻田。

面积 3～4 千克。投食后的第二天，缓缓排干田水，露晒一昼夜后，复水 8 厘米深。复水后的第二天傍晚，每 1 000 米² 水面再为亲鳝投喂 2～3 千克人工饲料 1 次。此后，按 8～15 厘米深管水，每 2 天投喂人工饲料 1 次，直至 9 月底，停止投食，提升水位至 20 厘米。

5. 亲鳝冬眠期管理　亲鳝越冬一般都采用带水越冬法。亲鳝越冬期间，应保持田水 20～30 厘米深。在冰冻的日子里，要将水位提至 35 厘米以上。田水严重结冰时，每 8 小时人工破冰 1 次。人工破冰时，不要使棍棒敲击，要采用脚踏和按压等方法进行。

6. 亲鳝出蛰期的管理　翌年菜花开放时节，亲鳝出蛰；蛙歌声响之时，亲鳝开口摄食。进入 3 月中旬，应将田水降至 8 厘米左右。进入 4 月上旬，每 2 天投喂 1 次人工饲料。投食时间定在傍晚。投食量依天气而定，天气晴好时多投，天气不好时少投，天气恶劣时不投。正常的投食量为，每 1 000 米² 面积 2～3 千克。进入 5 月之后，增加亲鳝的投食量，同时，也要增加投食次数。即每天投喂 1 次，每次每 1 000 米² 面积投食 3～6 千克。

7. 水稻的第二轮生产　5 月 5 日前后，每 1 000 米² 水面用野老 150 克、二甲四氯 100 克混合喷施 1 次。5 月 16 日左右，缓缓排干田水，每平方米面积施用尿素 10 千克、过磷酸钙 25 千克，施肥后 1～2 天，将催芽的谷种撒播于田中，待谷芽立占后（3～5 天），注水 3～4 厘米。此后根据秧苗生长的情况，逐渐提升水位至 5 厘米。待秧苗生长至 30 厘米高时，轻晒田 1 次（晒至脚窝无水）。晒田后，每 1 000 米² 面积追施尿素 8 千克，并用禾大壮喷雾 1 次灭稗。此后，按中稻栽培的常规方法进行操作和管理。

8. 黄鳝繁育期的管理　非耕非整的稻田繁育黄鳝，其亲鳝的筑巢产卵期，比水耕水整的稻田繁育黄鳝的筑巢产卵期，要早 10～15 天。因此，进入 7 月之后，就应经常观察泡沫巢。当每 1 000 米² 面积出现 20 个以上的泡沫巢时，就应停止向田中投喂人工饲料，同时要保证田内 25 天左右的稳定水位，以让受精卵顺利地孵化。

9. 泡沫巢消失后的工作要务　①用传统的篾制花眼鳝笼收捕亲鳝；②每 1 000 米² 面积每天傍晚投喂煮熟的蛋黄 8～16 个，20 天后，改投细碎的动物腥饲料，投食量酌情而定，投喂次数每天 1～2 次；③大量采集水丝蚓蚯蚓投入培育鳝苗的稻田中；④严防青蛙、牛蛙、蟾蜍、水鸟和水蛇对稚鳝的危害。

10. 水稻收获前后应注意的几个问题　①水稻收割前，不要将田块晒得太干，只要晒得脚窝无水就行；②不要采用机械收获中稻；③水稻收获后，应马上复水，初复水时浅灌，随后逐日提升水位至10厘米；④复水后，每1000米²水面放养风叶萍5000～6000株；⑤复水后每2天投喂1次人工饲料，天气恶劣时，不投饵料。

11.半干半湿越冬　从9月中旬开始，缓缓排干田水（也可以采用让田水自然落干的方法）。田水排干后，不要将风叶萍清除，就让其烂在田中或干枯在田中，借此为幼鳝的洞穴保墒、防寒。当田块脚窝干涸时，应迅速灌"跑马水"，即薄薄地灌一层水后，迅速排干，以此确保田内半干半湿。此外，在雨雪天气情况下，不要让田内渍水，必要时，可在田中疏理几条排水的小沟，让雨水或雪化水迅速排出。

12.幼鳝出蛰期工作要务　1龄鳝苗一般在3月下旬出蛰。幼鳝出蛰时，要加强管理：①初复水时，越浅越好，浅至脚窝满水就行；②严防敌害窜入培育鳝苗的田中；③3月下旬至4月中旬，每2天投喂1次人工饲料，投食量酌情而定，投食时间以傍晚为好；④保护好水田中自然生长的水草，直至水稻第三轮生产时，方可进行消灭。

13.水稻的第三轮生产　水稻的第三轮生产，是在1龄鳝苗的苗床上进行的，因此，应推迟至5月20日前后播种。第三轮水稻生产的管理操作方法，与第二轮水稻生产的管理操作方法基本相同，只是第三轮水稻生产在施用底肥（指化肥）时，要将1次的用量，分2次2天施入。此外，因繁育鳝苗的田块整年不曾彻底露晒，故秧苗应注重防治纹枯病和稻瘟病。

14.1龄鳝苗培育的要点　①坚持科学投喂人工饲料；②及时防病治病；③尽可能捕清尚未捕收干净的亲鳝；④严禁使用灭扫利、稻瘟净和毒杀芬，以及所有有机氯类杀虫剂；⑤大量收购或采捞水丝蚯蚓，投入培育鳝苗的田中。

附录　　**就稻田非耕非整繁育黄鳝模式答读者问**

1."打撒谷"、直播水稻，其产量有多大？

答：据湖北省洪湖市的燕窝镇、新滩镇和龙口镇的广泛试验种植，"打撒谷"、不插秧，直播中稻，每1000米²面积可产稻谷800千克左右，高产可达900千克。这一产量，与水耕水整、插秧栽培水稻的产量基本接近。

2. 非耕非整的稻田繁育黄鳝，在第三轮水稻生产时，凤叶萍是否会滋生泛滥？

答：否！由于稚鳝采用的是半干半湿越冬法，故其田中的凤叶萍一般都会被冬天的冰冻凌死。即使有些年份没有大的冰冻，在从事第三轮水稻生产之前，用二甲四氯与野老混合喷雾，一次就可以将其彻夜消灭干净。

3. 大量的水丝蚯蚓投入稻田，会不会影响水稻的正常生长？

答：不会！在自然稻田中，一般都有水丝蚯蚓生长。特别是较肥沃的田块中，水丝蚯蚓尤多。在培育鳝苗的田块中，不多日，自然生长在稻田的水丝蚯蚓，就会被鳝苗捕食干净。因此，向培育鳝苗的稻田大量投放水丝蚯蚓，既可解决鳝苗的饵料问题，又可维护生态平衡。因为水田中缺少水丝蚯蚓时，其泥层就会板结。且有机质分解、转变为可被植物吸收的肥料的速度就会变慢。换句话说，水丝蚯蚓有很强的消化能力，它能将稻田中的有机质摄食后进行消化，使之转化为可供稻秧直接吸收利用的优质肥料。

三、浅水池塘造埂繁育黄鳝模式

浅水池塘造埂繁育黄鳝有两种模式，一种是井字形布埂模式，另一种是回字形布埂模式（图8-1、图8-2）。两种不同的布埂繁育黄鳝模式，其修造土埂子的规格和繁育黄鳝的操作管理方法基本相同。

1. 土埂子的设计与建造 利用浅水池塘布设土埂子繁育黄鳝，在选择布埂模式时，要依池底的坦荡情况酌情而定。一般池底平坦的池塘，选用井字形布埂模式，非平坦（池底面四周浅、中间深）的池塘，选用回字形布埂模式。布埂模式选定之后，就在池底平面上平均取土布设土埂子。埂子的修造高度在本池塘历年最高水位的基础上，高出8～12厘米；埂面修造宽度在50～80厘米。埂子修造好后，不要夯实，也不要在埂上用脚乱踩，就让其泥堡疏松结合。

2. 在空白水面处移植水生植物 供亲鳝栖息、筑巢和产卵繁育后代的土埂子修造好后，向池内注水10～20厘米深。然后，移植水生或浅水生植物。在选择移栽水生植物品种时，应根据池水的常年深浅来考虑。一般池塘内常年水深在20厘米左右时，满植凤叶萍；池塘内常年水深在30厘米左右时，密植

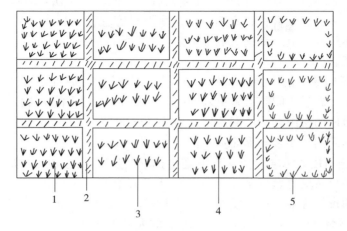

图 8-1 浅水池塘平面示意图（井字形布埂）

1. 满植水草 2. 埂子 3. 稀植水草 4. 密植水草 5. 圈植水草

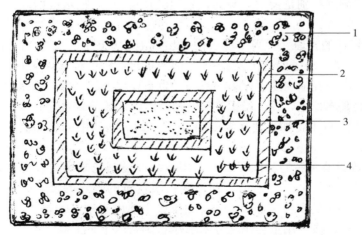

图 8-2 浅水池塘平面示意图（回字形布埂）

1. 凤叶萍 2. 土埂子 3. 紫背萍 4. 水花生

水花生（空心莲子菜）；池塘内常年水深在 40 厘米左右时，满植水花生或放养紫背萍；池塘内常年水深在 45 厘米以上时，圈植水花生。除此之外，在土埂子上，也要稀疏移栽些辣蓼或海蚌含珠。

3. 清塘灭害 池塘内水生植物移栽成活后，每立方米水体用 90% 的晶体敌百虫 1～1.2 克，加适量的水充分溶化后，全池泼洒 1 次，以此杀灭池内本身存在的锥体虫、烟雾虫、水蛭，以及大泥鳅等有害生物。灭虫 10 天后，每立方米水体用 0.4 克二氧化氯消毒杀菌 1 次，消毒后的第 3 天，就可以向池内提放亲鳝了。

4. 布设防敌害圈 亲鳝投放之前，也就是杀虫、消毒之时，应在池塘四周的堤面上，布设 1 圈防敌害窜入的设施。布设防敌害圈的材料，一般选用聚乙烯材料做成的密织网片。网片埋入地下 20～30 厘米深，高出围堤平面 1 米以上。围网的网片要求与堤面垂直。

5. 亲鳝的投放标准 浅水池塘经过标准改造后，是一幅很美的图画，也是一种近乎自然繁育黄鳝的小基地。进入 5 月之后，就可以向其内投放亲鳝了。亲鳝的投放标准，依土埂子的长度来定。一般每米土埂子，投放个体 40～50 克的中条鳝 3～4 尾、个体 75～120 克的大鳝 1～2 尾。

6. 培育亲鳝的要点 ①坚持每晚投喂新鲜的动物腥饲料 1 次；②每 15～20 天用二氧化氯消毒 1 次；③做好水生植物的防病虫害工作；④保持池塘四周的环境安静（特别是夜间，要保证寂静的环境）；⑤把水位始终稳定在一个线上。

7. 繁育期的管理 ①当土埂子两旁出现泡沫巢时，应减少对亲鳝的投食量，当每 10 米土埂子两边出现 2～3 个泡沫巢时，停止对亲鳝投食；②饲养管理人员不要随意在池内从事过多的操作，也不要随意翻动池内的水生植物；③保持水位的基本稳定，在下暴雨之时，要及时降水于稳定线上；④把池水的温度控制在 32℃ 以下，如果池水温度超过 32℃，应向池中的水面上放养紫背萍遮阴降温。

8. 泡沫巢消失后的工作要点 ①用传统的篾制花眼鳝笼收捕（诱捕）亲鳝；②收捕亲鳝约 75% 左右时，向池内投喂适量的煮熟的蛋黄或煮熟的蚌内黄色物质；③大量收购或采捞水丝蚯蚓投放于池内水中；④每 15 天用二氧化氯给池水消毒 1 次，用量为每立方米水体 0.3 克；⑤泡沫巢全部消失 20 天后，改投细碎的人工饲料。

9. 越冬前的管理 ①进入 9 月中旬之后，投食量减半，天气不好时，不投饵料；②进入 9 月下旬时，让池水自然落干或者用机械缓缓排干；③无论池内有水无水，都要做好水生植物的防虫害工作。

10. 越冬期的管理 ①保持池底湿润，如出现长期干旱天气，每周向池内喷水（洒水）1 次；②雨雪天气时，要及时排干渍水；③严防老鼠、黄鼠狼窜入池中残食鳝苗。

11. 翌年出蛰期的工作要点　①3月下旬向池内复水，初复水时，注水2～3厘米，待其自然落干后正式复水，正式复水时，管长20厘米深；②正式复水后，每1 000米²水面施用尿素8千克，以此促进水生植物再生；③3月下旬至4月中旬期间，天气晴好时，每2天投喂1次细碎的人工饲料，投食量酌情而定（即观察鳝苗吃剩的残食情况）。

12. 1龄鳝苗的培育工作　①进入5月之后，坚持每晚投食1次；②从5月5日起开始计算，每15天给池内水体用二氧化氯消毒1次；③盛夏高温时节，把池水温度控制在32℃以下；④认真做早、晚或夜间驱赶水鸟的工作。

1龄鳝苗在近乎自然的浅水池塘中培育，其生长速度极快，一般7月20日前后就可以长成标准鳝苗（个体重量10～18克）。

四、深水池塘套网箱繁育黄鳝模式

深水池塘套网箱仿自然繁育黄鳝，是将亲鳝投入网箱内，让其在网箱中的水花生排上自然筑起泡沫巢，自然产卵，自然受精，并自然孵化鳝苗。鳝苗孵出后，收起网箱，捞起亲鳝，并就池培育鳝苗（图8-3、图8-4）。具体操作如下：

1. 池塘灭害　选定用作套网箱繁育鳝苗的深水池塘，首先应对池塘进行灭害和消毒两大处理。灭害（消灭池塘中本身固有的野杂鱼、锥体虫、水蛭和烟雾虫等有害生物）时，每立方米水体用90%的晶体敌百虫1.5～2克，加适

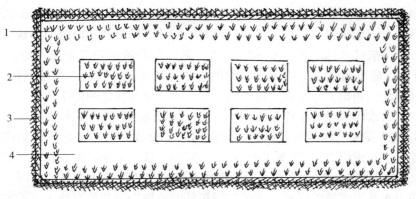

图8-3　深水池塘套网箱繁育黄鳝模式平面示意图
1. 水花生浮排　2. 培育亲鳝并繁育鳝苗的网箱及其内的水花生厚排
3. 防敌害生物窜入布设的围网　4. 空白水面

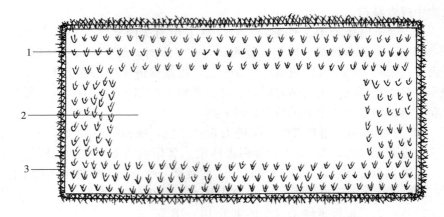

图 8-4　繁育鳝苗的深水池塘收捕亲鳝后的平面图样
1. 鳝苗培育床（水花生浮排）　2. 空白水面　3. 防敌害围网

量的水，充分溶化后，全池泼洒 1 次。灭害用药 10 天后，每立方米水体用二氧化氯 0.4～0.5 克，再全池泼洒一遍。

2. 布设防敌害围网　在池塘灭害和消毒的同时，用聚乙烯密织网片，沿池塘四周的堤上，布设 1 圈防敌害生物窜入池塘的防敌害围网。防敌害围网埋入地下深 20～30 厘米，高出围堤平面 1 米以上。布设围网时，网片要求与地平面垂直。

3. 套置网箱　①网箱的制作规格：用作繁育鳝苗的网箱，与常规养殖黄鳝的网箱的制作材料和大小规格大致一样。其网箱的制作材料一定要用聚乙烯网片。网片要求编织紧密，用手指钻网片时，网片不松眼孔。网箱的形状以长方形为好，一般长 4 米、宽 1.5 米、高 1.5 米。②套置网箱的密度：每 1 000 米² 水面，套箱 30 个左右。③套置网箱的方法：套置网箱时，要求排列整齐，网箱与网箱之间相距 1 米左右。每个池塘套 2 排，排与排之间的距离在 2 米左右。网箱落入水中（没入水中）0.5～0.7 米，高出水面 0.8～1 米。

4. 培植水花生　网箱套置好后，应在网箱中投放大量的水花生藤蔓进行培植，使其生长成厚 20～25 厘米的厚排（浮排）。这一工作，大致在 4 月中旬开始，5 月中旬结束。因为水花生生长形成厚排，大约需要 1 个月的时间。在培植网箱内水花生浮排的同时，还要在网箱外的池塘四周移植宽约 1 米的水花生，使之在 8 月上、中旬时期形成浮排（图 8-3、图 8-4）。

5. 投放亲鳝的标准　亲鳝的投放要等网箱内水花生形成浮排时进行，这一时间大致在 5 月 10 日之后。亲鳝的投放标准为：每平方米网箱面积投放个体重量 30～40 克的中条鳝 3～4 尾，个体重量 150 克左右的大鳝 1～2 尾。亲鳝投放后，按池塘整体水面计算，每立方米水体用 1 克漂白粉消毒 1 次。

6. 亲鳝的培育要点 ①坚持每天傍晚投喂 1 次优质饲料（以动物类肉饲料为佳）；②每间隔 15 天用二氧化氯或漂白粉消毒 1 次；③把池水的温度控制在 32℃以下；④投喂饲料时，不要用船运载饲料或用撑船的方法投食，正确的投食方法是，用长柄络子将饲料轻轻倒入网箱中。

7. 繁育盛期的管理 7 月下旬至 8 月上旬，网箱内的水花生浮排上会出现许多泡沫巢。此时，正值黄鳝繁育盛期，应加强管理：①逐渐减少亲鳝的投食量，当网箱中出现 10 个以上的泡沫巢时，停止投食。②保持池塘内外寂静的环境，严禁工作人员下水操作或在池塘中撑船观"巢"。③把池塘的水位稳定在一个点上。④把水温控制在 32℃以下，如果池塘内的水温超过 30℃，可以向池水中投放紫背萍遮阴降温，在人工放养紫背萍时，要轻轻操作，切忌掀起波浪。⑤在黄鳝繁育盛期，我国长江中下游地区常有"走暴"现象出现，即傍晚前后陡降阵性雨水。对此，在每个泡沫巢上盖上一顶草帽。用作遮雨的草帽，要将顶端突起，先打湿草帽，再用长柄铁叉挑起草帽盖上去。雨停后，迅速再用铁叉将草帽轻轻揭除。⑥严防水鸟在早、晚或夜间飞入网箱内破坏泡沫巢。

8. 及时收捕亲鳝 当网箱内最后 1 个泡沫巢消失 3 天后，应及时收捕亲鳝。收捕亲鳝的方法是，将网箱拖至坡边，拉出水花生，把所有的亲鳝全体捞起。与此同时，要将一部分尚未从网眼中钻出的稚鳝，放进池中就池培育。

9. 稚鳝的培育要点 ①每天傍晚坚持投喂细碎的人工饲料，饲料最好选用煮熟的蛋黄或煮制后的蚌肉内黄色物质；②投食点应设在池塘四周的水花生浮排上；③做好水花生的防虫害工作（对于水花生害虫，可用 2000 倍的 90%晶体敌百虫或 2 000 倍的甲维盐溶液喷雾，喷雾时，要扬高喷头，力求药液喷洒均匀）；④进入 9 月之后，捞起池塘中央水面上生长过剩的紫背萍；⑤每间隔 15 天，用二氧化氯给池塘水体消毒 1 次；⑥从 9 月 5 日开始，改每天投食 1 次为 2 天投食 1 次，投食量也要相应地减少，如遇恶劣天气，不要投食；⑦进入 10 月之后，停止投食，并缓缓降低池水，直至池塘四周的水花生浮排处完全无水为止。

10. 稚鳝越冬期的管理 ①始终保持水花生浮排地带无水；②严防老鼠和黄鼠狼窜入池内残食稚鳝；③不要翻动已衰亡的水花生藤蔓。

11.1 龄鳝苗的培育要点 ①翌年春暖花开时节（3月中、下旬），鳝苗出蛰；此时应给池塘缓缓提升水位，当水位上升至水花生排生长的地带时，停止注水；②在4月中旬至5月上旬期间，每2天投喂1次人工饲料，投食量酌情而定（即以观察鳝苗吃剩的残食来判定）；③从5月5日开始计算，每间隔15天给池塘水体用二氧化氯消毒1次；④大约5月中旬时期，池内的水花生浮排形成，此时可酌情考虑提升水位；⑤大量收购或捕捞水丝蚯蚓投放于池塘中。

五、黄鳝受精卵"滴水"孵化模式

所谓"滴水"孵化黄鳝受精卵，是在水泥池上空，悬挂若干底部钻有小孔的容器，并向容器中不断注水，让其水不断向水泥池内的孵化床上"叮咚"下滴，以此增加水体的溶氧量，达到鳝卵顺利孵化的目的。

用"滴水"的方法孵化鳝苗的卵源（或称自然受精卵源），是从野外水域中采集黄鳝泡沫巢上的卵。这种孵化方式，是一种仿自然集中孵化鳝苗的创新方法。具体操作如下：

1. 准备工作 采集野外水域中的黄鳝受精卵，集中于水泥池中进行孵化的准备工作，一般在6月期间进行。具体的工作有四项：

（1）选择水泥池　用作孵化鳝卵的水泥池，最好选择使用过1年或多年的老池子。如果是新建的水泥池，必须给池子脱碱方可使用。脱碱方法是，将池水注水0.8~0.9厘米深，每立方米水体施入过磷酸钙1千克，并在池中放入几捆无毒的青草，泡制20~30天。除此之外，选择用作孵化的鳝卵的水泥池，还要求具备下列条件：①池子所处的地势较低；②池内的水外排时应畅通无阻；③池外有较理想（清洁）的水源；④池内有厚约20厘米的土层。

水泥池选定或建造好后，注水30厘米，每立方米水体用30克生石灰，化稀浆趁热全池泼洒1次。

（2）搭架吊桶　水泥池选定或建造、改造后，首先应在池子上空用钢管或竹子搭架，架上悬吊若干水桶。桶底钻一小孔，其孔的滴水速度每分钟在30滴左右（最慢速度每分钟不得少于28滴，最快速度每分钟不得超过40滴）。水桶的悬吊高度，距水泥池内水平面0.6~0.8米。

（3）布设孵化床　水泥池上空的水桶设计定位后，对着水桶，每只水桶下布设1个孵化床。孵化床用棉纱布做成，正方形，边长0.8米左右。布设孵化床（绞了边的正方形纱布）时，先将正方形的棉纱布四角系上4根木棍，然后将 4 根木棍插入池底的泥层中，插木棍时，要将纱布的四边绷紧。纱布没入（淹入）水中 10 厘米左右，与水平面呈平行状。

（4）采苔置藻 纱布孵化床布设好后，应在 7 月下旬采苔置藻。即从干净水域中采集绒毛青苔（一种像头发丝样的绿色丝状水藻），放置在纱布孵化床上。放置绒毛青苔时，要将其堆积至隐约出水的程度。

2. 采集野外水域边缘的黄鳝泡沫巢 7 月下旬至 8 月上旬，是自然界水域中黄鳝筑巢、产卵、繁育的盛期，提一小桶，拿一勺子，将野外沟、渠、塘堰、湖滩或水稻等水域的黄鳝泡沫巢，连泡沫带卵一并轻轻掏至桶中（如果运输路线太远，可先在小桶内放置适量的绒毛青苔），平稳运至孵化地点，轻轻将泡沫和卵均匀放在孵化床上的绒毛青苔上，让其自然孵化。

3. 孵化管理 ①从鳝卵置于孵化床上那一刻开始，启开吊桶，让其水 24 小时不断"叮咚"下滴，滴水点调控到孵化床的中心位置（置卵于孵化床上时，其中心点留有 20～30 厘米^2 的空位）；②鳝卵自然孵化期间，如果阳光特别强烈，可以在水泥池上空布设遮阳网遮阴，每天遮阴时间从 10：00 开始，17：00 结束；③孵化期间，如果遇暴雨天气，可短时用农用厚膜，在水泥池上空遮雨，雨停时，迅速揭去厚膜；④经常测试孵化池中的水体温度，把水温始终控制在 32℃以下；⑤确保池水稳定，吊桶下滴的水，应等量外排。

经过 5～12 天的精心管理，鳝苗可基本孵出。鳝苗出膜后大约 3 天，每个孵化床上每天每次投喂 0.5～1 个煮熟的蛋黄。蛋黄煮熟后，放入少量的清洁水中，先捏碎，再撒投于孵化床上。投喂饲料的次数每天为 2 次，即 10：00 投 1 次，17：00 再投 1 次。如此饲养 15～20 天后，收起孵化床，在池水中移植大量的凤叶萍，就池培育鳝苗或将鳝苗转入其他育苗池培育。

第二节 家庭仿自然繁育泥鳅模式攻略

一、半平静、半微流池塘繁育泥鳅模式

利用半边水体平静、半边水体微流的池塘生态繁育泥鳅，是在 5～6 月有自然流水的小沟渠边，修造 1 个泥鳅繁育池塘，并将修造的池塘与其微流的小沟渠中的某一段结合并联，使池塘有一半水面不断地微微流动，而另一半水面则平静无流，以此达到泥鳅在池塘中自繁自衍的目的（图 8-5）。其操作和管理方法如下：

1. 繁育池的修造 半平静、半微流泥鳅繁育池，应选择在一条 5～6 月不断流水的小沟渠边建造。修造池子的地点选定后，紧靠微流沟渠，开挖 1 个长方形的土池子。其池子的大小依地理条件而定，小可 500 米²，大可几千平方米。池子的开挖深度，应依据池子能常年保水 0.6 米来定。池子的围堤高度，应高出池内 6 月底至 7 月初最高盛水的水平面 0.8 米以上。开挖的新池塘要与微流沟渠的某一段合并（图 8-5）。池塘修造好后，在与池塘合并的微流沟渠两端，分别埋设口径 20～25 厘米的涵管 2 节（4 米）。涵管埋设后，在涵管上填土，使涵管上的土层高度与整个池塘围堤高度吻合一致。

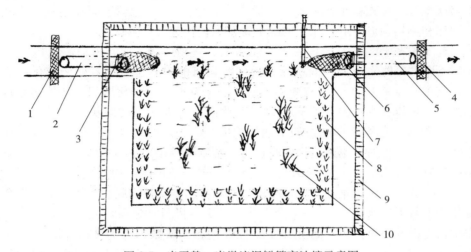

图 8-5　半平静、半微流泥鳅繁育池塘示意图

1. 拦渣网　2. 上游涵管　3. 上游防逃网　4. 保险网　5. 下游涵管　6. 下游防逃网
7. 定位竹竿　8. 水花生　9. 防敌害围网　10. 野茭白草

2. 池塘调酸 新池塘挖好后，注水 40～50 厘米，每立方米水体均匀撒施过磷酸钙（磷肥）0.4 千克，泡池 20 天备用。

3. 布设防逃网 与新开挖池塘合并的微流沟渠两端的涵管埋设后，要认真细致将两处上、下游涵管口，用 60 目聚乙烯网片布设防逃网。为防止微流沟渠在下暴雨时产生急流，防逃网可套在涵管口上（图 8-5）。此外，在布设防逃网的同时，还必须在上游涵管的上口布设拦渣网和在下游涵管的下口布设保险网，以及在池塘堤上布设 1 圈防敌害生物窜入池塘的围网。

4. 植草 池塘修造完成并调酸后，在池水中稀植野茭白草（家茭白草也行）。考虑茭白草的生长情况，每 10 米² 水面朵状移栽 3～5 根即可。与此同时，还要在池子平静水面的三方堤脚下（近水地带），移栽些水花生或水慈菇。

5. 亲鳅的投放标准　亲鳅的投放量为每平方米水面 9～12 条，其中，雌性亲鳅投放 3～4 条，雄性亲鳅投放 6～8 条。亲鳅的投放时间，要依池塘而定。如果池塘在冬季就已建造好，可在 3 月下旬投放亲鳅（这个时间投放的亲鳅，当年 5～6 月就可大量产卵繁育）；如果池塘在夏末、秋初才修造完工，可在 9 月投放亲鳅，让其翌年 4～6 月繁育（泥鳅虽然 4～9 月都有产卵现象，但产卵繁育盛期是在 5～6 月）。亲鳅投放到位后，每立方米水体用 0.3 克二氧化氯给池水消毒 1 次。

6. 亲鳅的培育要点　①亲鳅投放后（以 3 月下旬投放亲鳅为例），每天都要坚持投喂人工饲料。日投食 2 次，投食量为亲鳅体重的 4%，投食时间分别定在 10：00 和 17：00。亲鳅喜食煮熟的豆渣、熟制的豆饼、炸制的菜籽饼和炒制的花生饼。除此之外，剁碎的蚌肉、螺肉、蚬肉和鱼糊等饲料，也是培育亲鳅的好饵料。②亲鲦喜欢在夜间活动，特别是喜欢夜间在微流处逆水游动。因此，投食点最好设在流水与静水交界处。如果池水溶氧高（天气晴好时），投食时可以撒入水中；如果天气不好，水体溶氧量低，饲料应投放于浅水地带。③从 5 月 5 日起开始计算，每 20 天给池水消毒 1 次。消毒用药最好是生石灰或二氧化氯。④亲鳅最适宜水温在 25～28℃，因此，冷空气南下时，要酌情提升池水 20 厘米；在盛夏水温超过 30℃时，可在池水水面上放养一定密度的紫背萍，待高温期过后，将紫背萍捞起。

7. 产卵盛期的管理　5～6 月，是亲鳅产卵繁育盛期。此时的工作重点有三：①保持池塘的沟渠半边有不断的微流；②在微流的水体中投放些棕树皮（蓑衣棕片），并用竹竿将其均匀固定；③严防亲鳅逆水外逃（雌雄亲鳅在交配之前，有逆水而上、群体外逃的习性）。

8. 鳅苗大量出现时期的管理　①进入 6 月之后，池内就会出现鳅苗活动。此时，应在夜间，利用矿灯照明，观察鳅苗数量，当每平方米空白水体中，能用肉眼看见 50～60 尾稚鳅时，说明第一轮繁育到位。此后，应用传统的篾制花眼"鳝笼"，放诱饵捕捞一部分亲鳅出售。一般放"鳝笼"诱捕亲鳅 3～4 个夜晚（可捕获亲鳅 50% 左右）。②发现池中已孵出大量的稚鳅之后，应注重给稚鳅投喂细碎的人工饲料。每天 2 次，10：00 和 17：00 各 1 次。投食量以观察残食来决定增减。如果每次投喂的饲料在 2 小时之内能被完全吃光，则需增加投食量；如果第一天投喂的饲料，第二天有浮出水面的现象，则应减少投食量。③大量收购或采捞水丝蚓蚓，投放于繁育池中的静水地带。④每20天用生石灰或者二氧化氯给池水消毒1次。⑤在繁育池内的静水地带，每1 000米²面积，施用尿素5~7千克。⑥每1 000米²水面，捆施无毒的嫩青草5~6捆。

9. 鳅苗的越夏与越冬 ①7月下旬至8月上旬期间，因池水温度太高（超过30℃），鳅苗进入越夏状态，即不活动，不摄食。这一时期，应停止投喂人工饲料。同时，还要设法把水温控制在32℃以下。②进入10月之后，鳅苗基本停止摄食，此时应彻底捞起池塘水面上的紫背萍或风叶萍，以增加池内的日照，并用生石灰给池水消毒1次，用量为每立方米水体25克。③鳅苗越冬可采用带水越冬法，也可采用无水越冬法。采用带水越冬时，要保持池水0.5~0.8米深。每30天用二氧化氯给池水消毒1次。冰冻时期，8小时给池水破冰1次；采用无水越冬时，要保持池底湿润。雨雪天气及时排干渍水。此外，还要严防老鼠和黄鼠狼窜入池内残食鳅苗。

二、浅水深泥层池塘繁育泥鳅模式

【理论摘要】利用浅水池塘繁育泥鳅的最大优点是：水体溶氧量高，亲鳅进入繁育盛期早。因此，在浅水池塘中仿自繁育泥鳅时，进入4月下旬，池塘中就有许多稚鳅出现，并且这些鳅苗在春末、夏初时节生长极快。但是，在进入7月之后，生长在池塘中的鳅苗就会疾病高发。究其原因有两点：一是因池水太浅，水温易上升至鳅苗不能忍受的地步；二是池塘中水体的昼夜温差和短时间的暴雨温差太大，致使鳅苗以及亲鳅无法正常休养生息。

【报刊摘要】湖北省荆州地区推广在浅水池塘中制造深泥层繁育泥鳅的经验，充分利用浅水池塘进入繁育盛期早，水体溶氧充足，鳅苗在池塘中生长极快的地理优势，去夺取繁养泥鳅的高产。为了扬长避短，他们践行利用池底松软深厚的泥层，让亲鳅和鳅苗在盛夏时期，钻入泥层中躲避高温和暴雨天气到来时的短时过大的水体温差。这种浅水深泥层繁育泥鳅模式，投资省，见效快，管理容易，适宜千家万户自给自足的仿自然生产鳅苗。

下面就浅水深泥层繁育泥鳅模式，作粗略地介绍：

1. 创造池底松软深厚的泥层 浅水池塘在冬天一般都会自然干涸，借池塘冬季干涸之机，先以东西方向深耕池底一遍，耕后不耙，就让其泥垡冬凌。待春天到来，大地解冻之时，再将池底以南北方向翻耕一遍，耕后将泥垡耙碎，注水20厘米左右，浸泡至3月上旬后，降低池水至5厘米左右，用水田旋耕机将池底的泥土旋整成稀糊状。此时，池底的松软泥层一般在 30 厘米左右。为防泥层在亲鳅投放后逐渐自然板结，每平方米面积施入蚕豆埂或紫云英等绿肥（嫩草）5～10 千克，绿肥撒在池底泥层面上之后，用轧滚将其轧入泥层中，待绿肥腐入泥中后，其池底的松软泥层就可长久保持了。

2. 布设防敌害围网　浅水池塘的池底泥层造就后，在池塘四周的堤面上，用聚乙烯网片布设一圈防敌害生物窜入的防敌害围网。网脚埋入泥土中 30 厘米深，网身高出堤平面 1 米以上。布设围网时，要将网片垂直于地平面。

3. 清塘与消毒　池塘堤面上的防敌害围网布设好后，每立方米水体用 90% 的晶体敌百虫 1.5 克，加适量的水，充分溶化后全池泼洒 1 次，以此杀灭池塘中本生固有的黄鳝、锥体虫、水蛭和烟雾虫等害虫和敌害生物。清塘用药 9 天后，每立方米水体用 35 克生石灰，化稀浆趁热全池泼洒 1 遍，以此消灭池中本身固有的病毒和细菌，以及消除泥层中因绿肥腐烂的过程中产生的氨氮、亚硝态氧和硫化氢等有害物质。消毒用药 5 天后，方可投放亲鳅。

4. 稀植水草　投放亲鳅之前，每平方米水面移栽水慈菇 2～3 棵。如果春季没有大量的水慈菇苗种，可在每平方米水面上放养 2～3 株凤叶萍。放养凤叶萍时，每 2～3 株（1 米² 面积）用 3～4 根细树枝将其固定，避免凤叶萍漂浮集中在一处。

5. 亲鳅的投放标准　每平方米水面投放个体重量在 30～50 克的雌性亲鳅 3～4 尾；个体重量在 30～40 克的雄性亲鳅 6～8 尾。亲鳅的品种最好选择黄板鳅。如果黄板亲鳅紧缺，可间投少量的乌圆亲鳅。

6. 亲鳅的培育要点　①加强饲养管理，坚持每天投喂人工饲料 1～2 次；②最低管水深度不得低于 15 厘米，最佳管水深度在 20～40 厘米；③从亲鳅投放之日开始计算，每 20 天给池水用二氧化氯消毒 1 次；④亲鳅培育期间，若遇连续 3 天以上的阴雨天气，每立方米水体用 25 克生石灰，化稀浆趁热全池泼洒 1 次。

7. 繁育盛期的管理　进入 5 月之后，浅水深泥层池塘中投放的亲鳅，开始大量产卵繁育后代。此时，应加强管理：①保持池水基本稳定；②适量向池中的空白水面处投放些棕树皮或垂柳须根；③保持池塘内外安静的自然环境；④禁止工作人员下水从事任何操作；⑤连续 3 天或超过 3 天的阴雨天气时，应用 550 瓦的电动潜水泵，在池塘中央增氧，增氧时的喷水高度在 1.5～2.5 米，喷水点每 400 米² 面积设立 1 个。待天气晴好时，停止增氧。

8. 鳅苗大量出现时的工作要务　进入 5 月中旬之后，管理人员每晚都要利用矿灯照明，观察鳅苗的数量。如果每平方米空白水体中出现40～60尾稚鳅，说明繁育成功（绝大多数锥鳅都会巧妙地隐藏，很难观察到）。此后的日常管理应注意三点：①用传统的篾制花眼"鳝笼"，诱捕亲鳅，力争收捕亲鳅50％以上。②每天给稚鳅投喂细碎的人工饲料2次，投喂时间分别安排在10：00或17：30。投食量根据稚鳅摄食状况而定。如果投放的饵料2小时内就被吃光，可适当增加投食量；如果第一天投喂的饵料，第二天或者第三天，有浮出水面的现象，则应减少投食量。③大量从郊外的污水沟渠中，捕捞水丝蚯蚓，投放于稚鳅培育池中。

9. 稚鳅的"转窝"工作 进入6月下旬时，如果池塘中稚鳅的密度过大（夜间大量集结在浅水坡边，不停地上下翻动），应将一部分鳅鱼转入其他培育池中培育，也可以捕捞一部分出售。捕捞方法如下：①刈割无毒的青草若干捆，将炒香的豆饼粕用纱布包好，捆放在青草中端，置入池水中浸泡1～3昼夜后，将青草捆迅速抬进船舱中（放入大脚盆中也行），松捆，一点一点地扯出青草。这时你会发现，捕获了好多好多的鳅苗。②分别在池塘东西两处各开1个小口，在距上游口3～4米处，向池内源源不断地注水，并使下游口与之等量外排，即造成池塘之水缓缓流动。注水或打开下游口排水之前，先在上游口用60目网片做1个有倒须的喇叭笼子，倒置于口上。与此同时，在下游口也用60目网片布设1道防逃网。一夜流水到天明，上游口放置的笼内，会捕获满满的1笼稚鳅。③采用捕淡水小龙虾的密眼地龙（我国长江中下游地区各渔需门市部都有出售），放一定的诱饵，夜间置于池内水中，捕鳅效果极佳。注意：放置地龙诱捕鳅苗时，要将地龙的一端露出水面长约30厘米，以免大量鳅苗受捕于笼中时缺氧窒息死亡。

三、免投人工饲料繁育泥鳅模式

免投人工饲料繁育泥鳅，是在某一池塘中，采用中央培植水花生浮排，四周坡边堆积农家肥的方法，让亲鳅在水花生浮排上休养生息，让孵化出的鳅苗在浅水坡边自行觅食。此所谓"以肥代饵料，以草作窝床"。

1. 农家肥的选择、堆积与腐制 免投人工饲料繁育泥鳅的池塘选定后，第一步是在池塘坡边堆积大量的农家肥。这一工作，从冬闲期就开始进行，一直断断续续地工作至鳅苗出窝时结束。

（1）农家肥的选择 用作繁育泥鳅的农家肥，可选择牛粪、被虫蛀烂的草垛渣，干枯的蚕豆梗和油菜梗，青绿的紫云英、燕子花（野蓝花苕籽）、八棱麻和野旱菜等，湖边的烂荽白渣，以及凤叶萍、槐叶萍和紫背萍等。

（2）肥料的腐制方法　无论是哪种农家肥，都必须先堆积于池塘的堤面上，进行多种肥料混合后，自然发酵腐熟，方可转堆于池塘的近水坡边。

腐制方法如下：先将多种肥料在堤面上混合后，堆成宽 1～1.5 米、高 1米、长度不限的肥垛。肥垛堆好后，充分湿水，湿水后用脚在其上踩实，然后盖上农用厚膜，让肥垛自然增温发酵 20～25 天后，揭开农用厚膜，用铁叉将肥垛翻一遍，翻后，再充分湿水，并重新盖上农用厚膜 20～25 天，待肥垛稍有下陷时，揭去农用厚膜，用铁锹将肥垛翻一遍，少量湿水后，在肥垄上盖一层厚约 5 厘米的稻草，再过 20 天后，肥料就自然腐熟了。

（3）肥料转堆至坡边的标准　①将池塘堤面上腐熟的肥料用铁锹掀至池塘坡边的近水处，使其中一小部分淹入水中，大部分紧附在近水坡上；②近水坡边堆肥厚度约为 10 厘米；③每堆好一段肥料，就需在肥料上盖一层厚约 10 厘米的无种子的青草（淹没水中的除外）。如果夏、秋时节盖肥，因青草都已结籽不能选用，可用玉米秸秆或稻草代替青草。用草盖肥的目的是，防止肥料上长草。

2. 浮排的培植标准　免投人工饲料繁育泥鳅的池塘中央，一定要培植厚约 10 厘米的水花生浮排。水花生浮排在池塘中央应占池水总面积的 18%。考虑水花生蔓延生长的情况，在移栽水花生藤蔓时，移栽面积占全池面积的14% 就行了。

3. 亲鳅投放前的准备工作　①布设好防敌害围网；②池塘中央的水花生移栽后，每立方米水体用 90% 的晶体敌百虫 1.5～2 克，加适量的水，充分溶化后，全池泼洒一遍；③敌百虫泼洒 9～11 天后，每立方米水体用 0.45 克二氧化氯全池泼洒 1 次；④在每平方米的空白水面，投放不带锥体虫和锥体虫虫卵的干净田螺 5～6 枚。

4. 亲鳅的投放标准及其培育要务　①每平方米水面投放亲鳅 6～9 尾，其中，个体重量 35～50 克的雌性亲鳅投放 2～3 尾，个体重量 30～40 克雄性亲鳅投放 4～6 尾；②亲鳅投放后，每 15 天用二氧化氯消毒 1 次，用量为每立方米水体 0.3 克；③在连续 3 天或 3 天以上的阴雨天里，向池内补施 1 次生石灰，用量为每立方米水体 25 克；④及时做好水花生的防虫害工作。

5. 繁育盛期的管理　①进入 5 月中旬之后，应保持池水基本稳定；②保持池塘内外安静的环境；③工作人员要尽量避免下水操作；④适量在池塘四周的浅水地带投放些棕树皮和垂柳须根。

6. 鳅苗培育时期的工作要点　进入 6 月上旬之后，池塘内会出现大量的稚鳅在水面上翻跳呼吸，这种现象的出现，意味着繁育成功。此后，应加强鳅苗培育的管理：①用传统的篾制花眼"鳝笼"，诱捕亲鳅 50％ 出售；②大量收购或采捞水丝蚯蚓，投放于池塘中；③盛夏高温时期，适量放养些风叶萍于池水中，以此为池水遮阴降温，确保鳅苗越夏安全；④坚持每间隔 15 天，用二氧化氯给池水消毒 1 次，用量为每立方米水体 0.3 克；⑤进入 7 月下旬之后，如发现大量的鳅苗在池塘的浅水坡边聚集，说明池内鳅苗密度过大，应捕捞一部分出售；⑥进入 8 月中旬之后，每 3 天提升池水 4～5 厘米 1 次；⑦进入 9 月中旬之后，每 2 天降低池水 3～4 厘米，一直降到池塘见底，让鳅苗无水越冬。

四、深、浅两池塘合并繁育泥鳅模式

一般来说，深水池塘在夜间和阴雨天气的时候，水体常出现缺氧现象。故深水池塘在用作仿自然繁育泥鳅时，其受精卵的自然孵化率极低。但是，深水池塘在盛夏高温时节，能使鳅苗不受高温的危害，并且在春、秋时节冷空气南下时，可保亲鳅或鳅苗免受池水温差过大（包括昼夜温差和短时间水温大幅度下降的温度差）的侵害。与深水池塘相反，浅水池塘的水体溶氧量高，适宜受精卵在其中自然孵化。但是，浅水池塘昼夜温差大，且在盛夏高温时节，水体温度常会上升至鳅苗不能忍受的地步（超过 32℃）。鉴于深、浅两种池塘各有其长，也各有所短，湖北省洪湖市池济湖渔场，进行深、浅两池塘合并仿自然繁育泥鳅的模式，让亲鳅或自然孵化出的鳅苗在合并的两池中，自行变换繁育位置，自行选择生存环境。此所谓两池的长与短互补，泥鳅的繁与育共进。具体的繁育方法如下：

1. 深、浅两池塘的改造与合并　一般情况下，相邻的、大小面积基本一致的 2 个池塘，其深浅度都会基本一致。繁育泥鳅的 2 个池塘选定后，如果两池都比较浅，应将其中的 1 个用挖机挖深；如果两池都比较深，就将其中的一个用挖机填浅。深水池塘的常规管水深度设定在 70～90 厘米，浅水池塘的常规管水深度设定在 20～25 厘米。也就是说，浅水池塘的池底，要高深水池塘的池底 50～65 厘米。2 个池塘的深浅度改造好后，应将两池开口合并，开口的宽度在 10～12 米，开挖口子的深度与浅水池塘的池底深度一致。如果两池之间有一段距离，应在 2 个池塘之间开挖 1 道 8～10 米宽的渠道。渠道的开挖深度，与深水池塘的池底一致。

上述所介绍的是具备"相邻"条件 2 个池塘的改造与合并。如果没有这一条件，可依据 1 个池塘，在其旁边另开挖 1 个合乎标准的池塘，使之形成深、浅两池合并势态（图 8-6）。

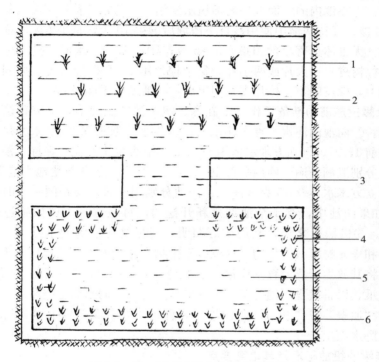

图 8-6　深、浅两池塘合并繁育泥鳅模式

1. 水慈姑　2. 浅水池塘　3. 开口（渠道）　4. 水花生（浮排）　5. 深水池塘　6. 围网

2. 在 2 个池塘中分别创造 2 种不同的生态繁育环境

（1）深水池塘繁育环境的布设　在深水池塘内布设近乎自然的环境，主要要抓好三件工作：①在池塘内四周的浅水地带圈植水花生，并让其通过 20～30 天的生长，形成厚约 10 厘米的浮排。浮排的宽度在 1～2.5 米。如果深水池塘的面积在 1 000 米² 之内，水花生浮排的宽度控制在 1 米左右；如果深水池塘的面积在 1 000～2 000 米²，水花生浮排的宽度应控制在 1.5 米左右；如果深水池塘的面积超过 2 000 米²，水花生浮排的面积应锁定 2.5 米之内。②池塘内四周的水花生

移栽后，在池塘的空白水面，横七竖八地投放些枸杞枝和树枝等枝杈物（因为泥鳅喜生于有枝杈的水体中）。③有条件的家庭，可在深水池塘的中央安装 1～2 台增氧机（除为水体增氧之外，更为重要的是制造水流的声音）。

（2）浅水池塘繁育环境的布设　浅水池塘是亲鳅交配、产卵并孵化受精卵的主要场所。因此，在其中为亲鳅创造一个近乎自然的环境尤为重要。具体的做法有三：①在池内的水面上均匀稀植水慈姑。水慈姑的移植密度为每平方米水面 1～2 株；②待两池中使用敌百虫清塘后的第 10 天，每平方米水面放养健康的田螺（无锥体虫寄生的田螺）5～6 枚；③每 10 米^2 水面，投放棕片（蓑衣棕或称棕树皮）一大片或两小片。每个棕片用 1～2 根细竹竿支撑固定，并让棕毛朝上，棕皮朝下。棕片支撑固定后，与池塘底平面呈 45°。

3. 亲鳅投放前的准备工作　①在深、浅两池的堤面上，整体布设 1 圈防敌害围网。②向池内注水。首次注水时，以浅水池塘水深 20 厘米为足。③在投放亲鳅前 15 天，每立方米水体用 90% 晶体敌百虫 1.5 克，在深、浅两池的水体中，分别泼洒一遍。施用敌百虫 11 天后，再用二氧化氯给池水消毒 1 次，用量为每立方米水体 0.45 克（注意：两池分别用药时，要在同一天时间内进行）。④如果两池中，有 1 个池塘是新开挖的，每立方米水体撒施过磷酸钙 0.4 千克。⑤借黑夜之机，利用矿灯照明，捕尽繁育池内的水蛭、青蛙、蟾蜍、牛蛙和虎龙蛙等敌害生物（这些敌害生物有益于人类，捕捉后，不要残酷处死，要将其放生于离繁育基地远一点的地方）。⑥在浅水池塘的堤面上，大量种植丝瓜，以备盛夏高温时节，人工搭架让丝瓜藤向水面上空蔓生。⑦在两池之间的"通渠"或"开口"的两坡边，种植些竹叶菜（空心菜），使其夏、秋季节，卧水而生。

4. 亲鳅的投放标准及其培育要点

（1）亲鳅的投放标准　深、浅两池塘合并繁育泥鳅，一般在 3 月下旬投放亲鳅。在投放亲鳅时，应按浅水池塘的水面进行计算，即每平方米水面投放亲鳅 9～15 尾。其中，个体重量在 35～50 克的雌性亲鳅投放 3～5 尾；个体重量在 30～40 克的雄性亲鳅投放 6～10 尾。如果深水池塘中装有增氧设备，亲鳅的投放密度可稍加大一些。

（2）亲鳅培育的要点　①坚持每天傍晚给亲鳅投喂人工饲料 1 次，投食量为亲鳅体重的 4% 左右，投喂人工饲料时，65% 的饵料撒入浅水池中，35% 的饵料投在深水池塘内四周的水花生下；②每 15 天用二氧化氯给池水消毒 1 次，用药量为每立方米水体 0.3 克；③保持浅水池塘 20～25 厘米深的水层；④保持池内池外的环境安静。

5. 繁育盛期的管理方法　4月中旬至6月中旬，是亲鳅产卵繁育的盛期（以长江中下游地区为例）。这段时期应加强日常管理：①把浅水池塘的水体深度始终控制在20～25厘米；②保持环境安静，严禁管理人员在水体中从事任何操作；③减少对亲鳅的投食量40%，且全部的人工饲料均投入深水池的水花生下；④装有增氧机的深水池塘，在4月25日至6月10日，每天凌晨3：00开机增氧，8：30停机。

6. 培育鳅苗的工作要务　进入5月之后，2个池塘均会有鳅苗活动。此时应重点观察浅水池塘中的鳅苗密度，若在夜间每平方米空白水中，能用矿灯照明观察到40～50尾鳅苗，说明繁育成功（大部分鳅苗因其善于隐藏，很难观察到）。此后，应做好下列工作：①每天（24小时内）给鳅苗投喂细碎的人工饲料2次。投食时间分别定在10：00或17：00左右。投食量根据鳅苗摄食情况来定。若投喂的饲料在2小时内能全部吃完，可考虑增加投食量；若第一天投喂的饲料，第二天或第三天有残食浮出水面，则应减少投食量。投喂饲料时，应将大部分饲料投入浅水池中，小部分饲料投入深水池塘内的水花生下。②及时用络子打捞残食。③大量收购或采捞水丝蚓蚯蚓投放于池塘中。④每15天用二氧化氯给池水消毒1次，用量为每立方米水体0.3克。⑤认真做好水生植物（水花生和水慈姑）的防虫害工作。⑥6月20日至7月5日，捕捞亲鳅50%出售。⑦7月15日至8月20日，酌情减少对鳅苗的投食量，并将投喂的饲料大部分投入深水池塘内的水花生下。⑧当浅水池塘的水温上升至32℃时（14：00的水温），应适当给两池提升水位10～15厘米。⑨深水池塘在盛夏高温时节，水温如果超过30℃，可适量在空白水面上放养些凤叶萍。⑩进入9月25日之后，每2天给池塘降低水位4～5厘米，一直降到浅水池塘无水为止。让鳅苗大部分在深水池塘中带水越冬，小部分在浅水池塘中无水入蛰。

图书在版编目（CIP）数据

黄鳝、泥鳅生态繁育模式攻略/曾双明著 . —北京：
中国农业出版社，2015.5（2017.3 重印）
　（现代水产养殖新法丛书）
　ISBN 978-7-109-19507-3

　Ⅰ.①黄… Ⅱ.①曾… Ⅲ.①黄鳝属－淡水养殖②泥
鳅－淡水养殖 Ⅳ.①S966.4

中国版本图书馆 CIP 数据核字（2014）第 192863 号

中国农业出版社出版
（北京市朝阳区麦子店街 18 号楼）
（邮政编码 100125）
责任编辑　林珠英　黄向阳

北京中科印刷有限公司印刷　　新华书店北京发行所发行
2015 年 5 月第 1 版　　2017 年 3 月北京第 2 次印刷

开本：720mm×960mm 1/16　　印张：12.5
字数：218 千字
定价：32.00 元
（凡本版图书出现印刷、装订错误，请向出版社发行部调换）